产业差异化规模场母牛繁育手册

施巧婷 魏成斌 徐照学 编著

中国农业出版社
北 京

内容简介

　　该书本着科学实用的原则，系统介绍了规模场母牛繁殖技术的基础知识和操作规程，内容包括实施肉牛繁殖应具备的条件、肉牛繁殖的理论基础、肉牛繁殖技术、肉牛繁殖技术操作规程、提高母牛繁殖力的技术措施、繁殖母牛疫病防治，并针对我国农区、牧区、半农半牧区的不同饲养模式、各地自然环境状况及不同品种的差异进行了详细介绍，可操作性强，语言通俗易懂，适合我国规模化母牛养殖企业、母牛养殖专业合作社、畜牧业生产管理人员和技术人员以及加入合作社的母牛规模化养殖户阅读参考。

编者名单

主　编　施巧婷　魏成斌　徐照学

副主编　李克丽　师志海　朱进华

参　编　王二耀　李俊雅　张　杨　祁兴磊

　　　　马良兵　刘建明　李树静　成海建

　　　　张继才　鲁立刚　张子敬　吕世杰

　　　　楚秋霞　陈付英　张　彬　滑留帅

　　　　郝剑刚　田全召　张嘉保　袁　宝

FOREWORD 前言

　　发展肉牛业，提高草食家畜比重，有利于合理调整农业生产结构，发展农业循环经济，有利于保障国家食品安全，促进农牧民养殖增收。为发挥区域比较优势和资源优势，促进优势区域肉牛产业发展和壮大，构筑现代肉牛生产体系，特编写《产业差异化规模场母牛繁育手册》，以期提高牛肉产品市场供应保障能力和国际市场竞争力。

　　肉牛业向着规模化、标准化、产业化方向发展，产业化是由良种繁育、饲养管理、疫病防治、环境控制、屠宰加工及信息服务各方面组成的有机整体，各环节互相独立又联合作用于肉牛业，并推动产业化发展。肉牛业产业化发展的前提和基础是繁殖母牛的数量。能繁母牛是指已经达到生殖年龄（18月龄以上的母牛）、有生殖能力的母牛，也称基础母牛。肉牛业的发展是一个包括能繁母牛、犊牛、架子牛、育肥牛饲养，屠宰加工，储运以及市场销售等许多相关环节的综合体系。在这一生产体系中，牛源供应的数量和质量直接关系到整个肉牛业的兴衰。其中，决定牛源数量和质量的主要因素是母牛的数量及生产性能，而推动畜禽标准化养殖是实现现代畜牧业发展的前提条件，发展标准化规模养殖是转变畜牧业发展方式的主要抓手，是新形势下加快畜牧业转型升级的重大举措。政府正在加强政策引导，逐步提高基础母牛存栏量，着力保障肉牛基础生产能力。为加快推进基础母牛扩繁，2014年中央财政安排近10亿元资金启动了肉牛基础母牛扩群增量项目。《全国牛羊肉生产发展规划（2013—2020年）》指出，要因地制宜发展适度规模养殖，推进标准化生产，优先支持采取自繁自养模式、能繁母畜存栏量达到一定标准的规模养殖场建设，增加基础母畜存栏量。引导标准化规模养殖场发挥示范作用，辐射带动周边广大养殖场（户）转变养殖方式，提高整体生产水平。

母牛短缺、牛源不足和土地、用工、饲料及环保的成本上涨等因素加剧了异地育肥规模的快速萎缩和屠宰产能过剩。目前，我国肉牛产业发展的瓶颈是繁殖母牛存栏量不足，2018 年我国肉牛存栏总量为 6 618.4 万头，较 2017 年增加 0.5 万头，比 2009 年增长 11.8%，但其中能繁母牛不足 2 100 万头。由于国内肉牛群体资源紧张及且优秀公牛的培育能力有限，国内持续从澳大利亚、新西兰等国家大批量进口母牛及胚胎。繁殖母牛数量急剧下降已经成为我国肉牛业可持续发展的最大障碍，必须尽快对其进行研究进而遏制，并较快恢复，否则，会影响我国肉牛产业可持续发展。当前，为了充分利用有限的繁殖母牛，推广应用新型繁育技术对肉牛产业发展非常重要。以科技为支撑推进肉牛母牛的标准化规模养殖，提高肉牛母牛繁殖率，缩短肉牛母牛繁殖周期，是提高肉牛母牛养殖效益的有效途径。

本书主要作者所属单位河南省农业科学院畜牧兽医研究所是国家肉牛耗牛产业技术体系繁殖技术岗位的技术依托单位，承担着国家肉牛繁殖领域的基础性工作、重点技术推广及前瞻性研究任务，《产业差异化规模场母牛繁育手册》的编写与出版也是"十三五"任务之一。该书是作者在总结多年工作经验和查阅大量国内外文献资料的基础上编写而成的，本着科学实用的原则，围绕肉牛标准化繁殖技术的基础知识和操作规程，将理论与实际紧密结合起来，避开无关紧要的非实用性内容，对于成熟、稳定、可靠、先进的技术内容，使用通俗的语言，尽量阐述得清楚、具体，并给出详细的参考数据。

本书编写过程中参考引用了不同方面的最新报道和论述，在此对有关作者表示衷心的感谢。

由于编者水平有限，尽管做了最大的努力，书中仍然难免存在不妥和疏漏之处，恳请同行和读者批评指正。

编 者

2021 年 2 月

CONTENTS 目 录

前言

第一章 实施肉牛繁殖应具备的条件 ················· 1

第一节 繁殖牛场的选址与布局 ················· 1
一、放牧牛场设计 ················· 1
二、半舍饲半放牧牛场设计 ················· 2
三、舍饲型牛场的设计 ················· 4
第二节 设施与设备 ················· 9
一、牛舍的设计与建造 ················· 9
二、消毒设施 ················· 13
三、养殖设备与设施 ················· 14
四、辅助设施 ················· 18
五、运动场内的设施 ················· 19
第三节 管理制度与记录 ················· 20
一、饲料供应管理 ················· 20
二、疫病防治制度 ················· 21
三、生产记录 ················· 21
四、档案管理 ················· 22
五、专业技术人员配备 ················· 24
第四节 环保要求 ················· 24
一、粪污处理 ················· 24
二、病死牛处理 ················· 25
第五节 生产水平 ················· 26

一、繁殖管理 ·· 26

二、母牛养殖场繁殖技术指标 ···················· 27

第二章 肉牛繁殖的理论基础 ······················ 28

第一节 母牛的生殖器官和生理功能 ············· 28

一、内生殖器 ······································ 29

二、外生殖器 ······································ 30

第二节 母牛的繁殖特性 ·························· 30

一、发情与排卵 ···································· 30

二、发情周期的内分泌调控 ······················ 33

三、受精过程 ······································ 33

四、妊娠与分娩的生理变化 ······················ 34

第三节 生殖激素及其在肉牛繁殖中的应用 ······· 39

一、生殖激素的活动与调控 ······················ 39

二、几种重要生殖激素及其在肉牛繁殖上的应用 ··· 40

第四节 繁殖母牛的饲养方式 ······················ 44

一、肉用成年母牛的饲养方式 ···················· 44

二、繁殖母牛放牧饲养 ··························· 44

三、繁殖母牛舍饲饲养 ··························· 45

第三章 肉牛繁殖技术 ······························ 46

第一节 肉牛繁殖性能描述规范及参数 ············· 46

一、母牛繁殖性能描述规范及参数 ················ 46

二、公牛繁殖性能描述规范及参数 ················ 47

三、母牛繁殖管理指标的统计 ···················· 48

第二节 发情配种 ································· 50

一、母牛发情周期 ································· 50

二、配种的时间 ···································· 52

三、人工授精 ······································ 53

第三节 妊娠与分娩 ································ 58

一、母牛妊娠诊断 ································· 58

二、分娩 ·· 62

第四章　肉牛繁殖技术操作规程 ················· 64

第一节　分娩母牛和新生犊牛的护理 ········· 64
一、母牛围产前期的饲养管理 ··············· 64
二、分娩与助产 ··························· 64
三、新生犊牛的护理 ······················· 68
四、产后母牛的护理 ······················· 70

第二节　母牛带犊繁育 ····················· 70
一、建立母牛带犊繁育体系 ················· 70
二、常乳期的哺喂和补饲 ··················· 70
三、犊牛哺乳期的管理 ····················· 75
四、早期断乳犊牛培育技术 ················· 77
五、断乳至 6 月龄母犊牛的饲养管理 ········· 79
六、哺乳母牛的饲养管理 ··················· 80
七、犊牛腹泻病的防治 ····················· 82
八、脐炎 ······························· 94

第三节　育成母牛的饲养管理 ··············· 95
一、后备母牛的选择 ······················· 95
二、育成母牛的饲养技术 ··················· 95
三、育成母牛的管理 ······················· 99
四、青年母牛的饲养管理 ··················· 102

第四节　发情与配种 ······················· 104
一、发情鉴定 ··························· 104
二、配种方式选择 ······················· 109
三、选种选配 ··························· 109

第五节　妊娠母牛的饲养管理 ··············· 110
一、妊娠母牛的饲养 ······················· 110
二、妊娠母牛的管理 ······················· 112
三、妊娠母牛用药注意事项 ················· 114

第六节　空怀母牛的饲养管理 ··············· 114
一、空怀母牛的饲养 ······················· 115
二、空怀母牛的管理 ······················· 115

三、缩短母牛产后空怀期的措施 ……………………………… 115

第五章　提高母牛繁殖力的技术措施 …………………………… 117

第一节　影响繁殖力的因素 …………………………………… 117
一、遗传 ………………………………………………………… 117
二、营养 ………………………………………………………… 117
三、环境 ………………………………………………………… 118
四、冷冻精液质量与输精技术 ………………………………… 119
五、疾病 ………………………………………………………… 119

第二节　提高母牛繁殖力的措施 ……………………………… 119
一、加强母牛的饲养管理 ……………………………………… 119
二、加强母牛的繁殖技术管理 ………………………………… 121
三、提高种公牛的繁殖机能 …………………………………… 122
四、推广应用繁殖新技术 ……………………………………… 124
五、控制繁殖疾病 ……………………………………………… 124

第三节　肉牛繁殖新技术 ……………………………………… 125
一、初情期的调控 ……………………………………………… 125
二、诱导发情 …………………………………………………… 126
三、同期发情 …………………………………………………… 127
四、同期排卵-定时输精 ……………………………………… 129
五、超数排卵 …………………………………………………… 130
六、诱导双胎 …………………………………………………… 132
七、胚胎移植 …………………………………………………… 134

第六章　繁殖母牛疫病防治 ……………………………………… 150

第一节　健全防疫检疫制度 …………………………………… 150
一、母牛养殖场的兽医卫生要求 ……………………………… 150
二、母牛疫病综合防制技术方案 ……………………………… 153
三、树立良好的动物防疫意识 ………………………………… 154
四、建立疫病监测制度 ………………………………………… 166

第二节　繁殖母牛产科疾病防治 ……………………………… 167
一、子宫内膜炎 ………………………………………………… 167

二、子宫内翻及脱出 …………………………………………… 172

三、胎衣不下 ……………………………………………………… 174

四、流产 …………………………………………………………… 176

第三节　常见不孕症 ……………………………………………… 179

一、卵巢静止 ……………………………………………………… 179

二、持久黄体 ……………………………………………………… 179

三、隐性发情 ……………………………………………………… 181

四、卵泡萎缩及交替发育 ………………………………………… 181

五、排卵延迟 ……………………………………………………… 182

六、卵巢囊肿 ……………………………………………………… 183

参考文献 ……………………………………………………………… 185

附录 ………………………………………………………………… 186

附表1　肉牛品种登记 …………………………………………… 187

附表2　母牛生产记录表 ………………………………………… 189

附表3　生长母牛的营养需要 …………………………………… 191

附表4　妊娠母牛的营养需要 …………………………………… 195

附表5　哺乳母牛的营养需要 …………………………………… 196

技术规程一　《牛人工授精技术规程》（NY/T 1335—2007） ……… 197

技术规程二　《牛胚胎移植技术操作规程》（DB 62/T 1307—2005） …… 202

技术规程三　《规模化牛场布鲁氏菌病的诊断、净化与防控》 ……… 210

第一章

实施肉牛繁殖应具备的条件

第一节　繁殖牛场的选址与布局

一、放牧牛场设计

1. 场址选择　首先需要选择牧草茂盛、水源丰富的草地作为牧场。另外，在附近寻找一个地势较高、相对平整和利于排水的地块来建牛场。建筑物的室内地坪标高要高于室外地坪，以利于排水。各个建筑物之间的道路，应保证在任何天气状况下都能够通行，并且应在道路与运动场之间设置排水沟。

2. 场区具体规划

（1）牛舍的设计。设计牛舍时应考虑防风、除湿及防冷热应激。牛舍应建在牧场旁边，这样牛群很容易到达运动场或者其他工作区域。牛舍采用保温型还是常温型，要依据饲养规模、气候条件、牛卧床、牛场的机械化程度和人员而定。

保温型牛舍冬季舍内的温度需保持在4℃以上。此类型牛舍必须有好的绝缘材料来保持牛舍的温度。同时，要求有通风系统（可采用机械通风或者自然通风），在冬季具有良好的除湿功能，在夏季能够排出舍内的热量。常温型牛舍冬季舍内比舍外稍微暖和，自然通风系统能够除湿并保持舍内的温度比舍外高5～10℃，屋顶的绝缘材料能够减少冬季舍内热量的散失和夏季的热辐射。常温型牛舍的造价比保温型牛舍低，但其饮水系统必须采取保温措施，以防止冬季冰冻。

（2）饲料区和运动场。草场可以直接作为运动场，同时也是牛的主要粗饲料采食区。

（3）产栏、兽医室和犊牛饲养区。这个区域可以设置在一个环境条件可以调节的牛舍内（或者部分在舍内）。该区域要求干净、保温、通风、光照好。每 20～25 头待产牛需要一个待产栏，规格为 3 米×3 米，或者提供一个没有槽的拴系式牛栏（在散放式牛舍中每 20～25 头牛设置一个拴系式处置栏）。3 月龄以下的犊牛需要在规格为 1 200 毫米×3 500 毫米的犊牛岛中饲养。3～10 月龄的小育成牛需要在面积为 2.2 米² 的育成牛群栏（有卧床）中饲养。

（4）后备牛饲养区。一般采用散放式饲养后备牛，有利于分开大群和较小的育成牛。如果不想分开，应当在采食区留一定数量的自由采食栏，以小育成牛钻不出去为度。10～24 月龄的后备牛每头需要 3.2 米² 的牛舍（有卧床）饲养。

（5）粪污处理区。散栏式牛舍通过刮粪板或者其他机械化工具将牛粪收集到牛舍的一端，然后用刮粪板或者粪车、泥浆泵通过管道将其抽到指定区域。拴系式牛舍内的粪污可采用人工或者用刮粪板将其从粪尿沟中清出。粪污发酵后制成有机肥，或直接把牛粪堆积发酵后作为肥料施到草场。

二、半舍饲半放牧牛场设计

半舍饲半放牧牛场的设计应在舍饲牛场的基础上建立人工草地，以便牛群在适宜季节放牧。

1. 场址的选择 场址的选择要有周密考虑、通盘安排，有比较长远的规划，必须与农牧业发展规划、农田基本建设规划以及今后的需要相结合。所选场址要有发展余地。

（1）肉牛场应建在地势高燥，背风向阳，空气流通，地下水位较低，具有缓坡的北高南低、总体平坦的地方。低洼、山顶风口处不宜修建肉牛场。

（2）牛场应距饲料生产基地和放牧地较近，交通发达，供水供电方便。

（3）牛场距主要交通要道、村镇、工厂 500 米以上，距一般交通道路 200 米以上，还要避开可能污染养殖场的屠宰、加工和工矿企业。符合兽医卫生和环境卫生要求，周围无传染源。

（4）要有充足的、符合卫生要求的水源，保证生产、生活及人畜饮水。水质良好，不含毒物，确保人畜安全和健康。

（5）不占或少占耕地。

2. 牛场的规划 牛场的规划和布局应本着因地制宜和科学管理的原则，以紧凑、整齐、提高土地利用率和节约基建投资，经济耐用，有利于生产管理和便于防疫、安全为目标。

一般牛场按功能分为 3 个区，即生产区、管理区、职工生活区。分区规划应从人畜保健的角度出发，考虑地势和主风向等因素，使区间建立最佳生产联系，且达到环境卫生防疫条件。

3. 生产配套规划设施

（1）防疫设施。为了加强防疫，首先场界划分应明确，在四周建围墙挖沟，并与种树相结合，防止场外人员与其他动物进入场区。牛场生产区大门以及各牛舍的进出口处应设脚踏消毒池，大门进口设车辆消毒池，并设有人的脚踏消毒池（槽）或喷雾消毒室、更衣换鞋间。如果在消毒室设紫外线杀菌灯，应强调安全时间（3～5 分钟）。

（2）运动场设施。

①运动场。运动场是肉牛每天定时到舍外自由活动、休息的地方，使牛受到外界天气因素的刺激和锻炼，增强机体代谢机能，提高抗病力。运动场应建在背风向阳的地方，一般利用牛舍间距，也可设置在牛舍两侧。如受地形限制，还可设在场内比较开阔的地方。运动场应既能保证牛的活动休息，又要节约用地，其面积一般为牛舍建筑面积的 3～4 倍。

运动场地面处理，最好全部用三合土踏实，要求干燥、平坦、有一定坡度，一般中央较高，排水良好，向东、向西或向南倾斜。运动场围栏三面挖明沟排水，以防止雨后积水，运动场泥泞。每天牛上槽时应清粪并及时运出。随时清除砖头、瓦块、铁丝等物，并保持运动场整洁。

② 运动场围栏。运动场围栏用钢筋混凝土立柱式铁管制成。立柱间距为 3米，立柱高度按地平计算应为 1.3～1.4 米，横梁设 3～4 根。

③运动场饮水槽。按 50～100 头饮水槽 5 米×1.5 米×0.8 米（两侧饮水）。水槽两侧应为混凝土地面。

④运动场凉棚。为了夏季防暑，凉棚长轴应东西向，并采用隔热性能好的棚顶。凉棚面积一般每头成年牛、青年牛、育成牛为 3～4 米^2。另外，可借助运动场四周植树遮阴，凉棚内地面要用三合土踏实，地面经常保持 20～30 厘米沙土垫层。

4. 建人工草场 半舍饲半放牧牛场的集约化程度相对较高，为舍饲与牧养相结合，自然条件不利的季节实行舍饲，自然条件较好的季节实行放牧，因而兼有舍饲与牧养的优点。在自然条件较好的春夏季节，对牛采取放牧饲养，营养比较全面，并有利于吸收，牛在户外采食，加大了运动力度，可以增强牛的体质。

5. 牛舍的设计 牛舍应建在场内生产区中心，尽可能缩短运输路线，修建牛舍时，方向应坐北向南，采用长轴平行配置，以利于采光、防风、保温。牛舍超过 4 栋时，可两栋并列配置，前后相对，相距 10 米以上。牛舍内应设牛床、牛槽、粪尿沟、通道、工作室或值班室。牛舍前应有运动场，内设自动饮水槽、凉棚和饲槽等。牛舍四周和道路两旁应绿化，以调节牛场小气候。牛舍的基本类型一般有拴系式、散栏式和散放式 3 种。拴系式牛舍在我国使用的比较普遍，每头牛有一个单独的牛床，可针对单独个体饲喂。散栏式牛舍通常适合饲养 50 头或更多肉牛。牛舍内的采食区和休息区是独立的，肉牛不用拴系，牛舍内有采食通道和清粪通道，通道上的粪污可用刮粪板或者其他机械设备清除。散放式牛舍可采用开放式或半开式牛舍，一般建于运动场北侧，舍内面积按每头牛 5.5～6.5 米^2 设计。舍内地面平坦，无牛栏，牛不拴系。拴系式牛舍的跨度通常为 10.5～12 米，檐高为 2.4 米，牛床的规格见表 1-1。

表 1-1 拴系式牛舍牛床规格

牛床规格	牛体重（千克）				
	400	500	600	700	800
牛床宽度（厘米）	100	110	120	130	140
牛床长度（厘米）	145	150	160	170	180

三、舍饲型牛场的设计

1. 舍饲型牛场的场址选择要求 牛场场址的选择要有周密的考虑、统筹安排和比较长远的规划，必须与农牧业发展规划、农田基本建设规划以及今后修建住宅结合起来，必须适应于现代化养牛业的需要。所选场址要有发展的余地，选址原则如下：

（1）地势。高燥、背风向阳，地下水位 2 米以下，具有缓坡坡度的北高南低、总体平坦的地方，绝不可建在低洼或低风口处，以免排水困难、汛期积水及冬季防寒困难。

（2）地形。开阔整齐，正方形、长方形为好，应避免狭长状或多边形。

（3）水源。要有充足的合乎卫生要求的水源，取用方便，保证生产、生活及人畜饮水。水质良好，不含毒物，确保人畜安全和健康。

（4）土质。沙壤土最理想，沙土较适宜，黏土最不合适。沙壤土土质松软，抗压性和透水性强，吸湿性、导热性小，雨水、尿液不易积聚，雨后没有硬结，有利于保持牛舍及运动场的清洁与卫生干燥，有利于预防蹄病及其他疾病的发生。

（5）气候。要综合考虑当地的气候因素，如最高温度、湿度、年降水量、主风向、风力等，以选择有利地势。

（6）位置。牛场应便于防疫，距村庄居民点500米下风处，距主要交通要道，如公路、铁路500米，距化工厂、畜产品加工厂等1 500米以外，交通、供电方便，周围饲料资源尤其是粗饲料资源丰富，且尽量避免周围有同等规模的养殖场，以避免原料竞争。符合兽医卫生要求，周围无传染源。

2. 场地规划与布局　牛场场区规划应本着因地制宜和科学饲养的要求，合理布局，统筹安排。按功能分为4个区：职工生活区、管理区、生产区、粪尿污水处理和病畜管理区。分区规划首先从人畜保健的角度出发，使区间建立最佳生产联系，具备环境卫生防疫条件，考虑地势和主风方向，进行合理分区。

（1）职工生活区。职工生活区应在全场上风和地势较高的地段。这样配置，牛场产生的不良气味、噪声、粪便和污水，不会因风向与地表径流污染职工生活环境，也不受人兽共患病影响。

（2）管理区。在规划管理区时，应该有效利用原有的道路和输电线路，充分考虑饲料和生产资料的供应、产品的销售等。牛场有加工项目时，应独立组成加工生产区，不应设在饲料生产区内。车库应设在管理区。除饲料以外，其他仓库也应设在管理区。管理区与生产区应加以隔离，保证50米以上的距离，外来人员只能在管理区活动，场外运输车辆严禁进入生产区。

（3）生产区。生产区是牛场的核心，对生产区的布局应进行全面细致的考虑。牛场经营如果是单一或专业化生产，饲料、牛舍以及附属设施要求也就比较单一。在饲养过程中，应根据肉牛的生理特点，对肉牛进行分舍饲养，并按群设运动场。与饲料运输有关的建筑物，原则上应规划在地势较高处，并应保证卫生防疫安全。

（4）粪尿污水处理和病畜管理区。该区设在生产区下风向地势低处，与生产区保持300米间距。病畜管理区应便于隔离，有单独通道，以便于消毒和污物处理，防止粪尿污水蔓延污染环境。

（5）环境要求。

①温度。适宜温度4～24℃，10～15℃最好。大牛5～31℃，小牛10～24℃。

②湿度。相对湿度一般为 50%～90%，50%～70% 较适宜，不应高于 80%。

③气流。冬季气流速度不应超过 0.2 米/秒。

④光照。自然采光，夏季应避免直射。

⑤灰尘。灰尘来源主要为空气带入或刷拭牛体、清洁地面、搅拌饲料时产生。微生物与灰尘含量有直接关系，应尽量减少灰尘产生。

⑥噪声。噪声超过 110～115 分贝时，牛的生长速度下降 10%，噪声不应超过 100 分贝。

⑦有害气体。牛舍有害气体允许范围：氨≤19.5 毫克/米^3；二氧化碳≤2 920 毫克/米^3；硫化氢≤15 毫克/米^3。

3. 牛舍建筑　牛舍应建在场内生产区中心，尽可能缩短运输路线。修建数栋牛舍时，方向应坐北向南，以便于采光、防风、保温。牛舍超过 4 栋时，可两栋并列配置，前后对齐，相间 10 米以上。牛舍应设牛床、牛槽、粪尿沟、通道、工作室和值班室。牛舍前应有运动场，内设自动饮水器、凉棚和饲槽等。牛舍四周和道路两旁应绿化，可以调节牛场小气候。

（1）拴系式育肥牛舍。

①拴系式育肥牛舍的类型。此种牛舍每头牛都用链绳或牛枷固定拴系在食槽或栏杆上，限制活动，每头牛都有固定的槽位和牛床，互不干扰，便于饲喂和进行个体观察，适合当前农村的饲养习惯和饲养水平，应用十分普遍。如能很好地解决牛舍通风、光照、卫生等问题，是值得推广的一种饲养方式。拴系式育肥牛舍从环境控制角度可分为封闭式育肥牛舍、半开放式育肥牛舍、育肥棚舍和开放式育肥牛舍 4 种。封闭式育肥牛舍四面都有墙，门窗可以启闭，有利于冬季保温，适合北方寒冷地区采用。半开放式育肥牛舍，在冬季寒冷时，可以将敞开部分用塑料薄膜遮拦成封闭状态，天气转暖时可把塑料薄膜收起，从而达到夏季通风、冬季保温的目的。开放式育肥棚舍四面均无墙，仅有柱子支撑梁架。开放式育肥牛舍四周无墙壁，仅用围栏围护，结构简单、施工方便、造价低廉，应用非常广泛。这种牛舍在我国中部和北方等气候干燥的地区应用效果较好，但在炎热潮湿的南方应用效果并不好，因为开放式育肥牛舍是个开放系统，几乎无法防止辐射热，人为控制性和操作性不好，不能很好地强制吹风和喷水，蚊蝇防治效果差。

按照牛舍跨度大小和牛床排列形式，可分为单列式和双列式。单列式只有一排牛床，跨度小，一般为 5～6 米，易于建造，通风良好，但散热面大，适合小型牛场采用。双列式有两排牛床，分左右两个单元，跨度 10～12 米，能满足自然通风要求。在肉牛饲养中，以头对头饲养较多，饲喂方便，便于机械操作，缺点是清粪不方便。

②拴系式育肥牛舍的基本建筑要求。饲养头数在 50 头以下，可修建成单列式，50 头以上可修建成双列式。在对头式中，牛舍中央的通道为饲喂通道，宽 1.5～2 米，两边依次为牛床、食槽、清粪道。两侧清粪道设有排尿沟，地面微向暗沟倾斜，倾斜度为 1％～5％，以利于排水。暗沟通达舍外储粪池。储粪池离牛舍约 5 米，池容积按每头成年牛 0.3 米³、犊牛 0.1 米³ 设置。牛场应是水泥地面，以便于冲洗消毒，地面要抹成粗糙花纹状，以防止牛滑倒。牛床尺寸为：长 150～200 厘米，宽 100～130 厘米，牛床的坡度为 1％～5％。牛床前设固定水泥饲槽，槽底为弧形，最好用水磨石建造，表面光滑，以便清洁，经久耐用。饲槽净宽 60～80 厘米，前沿高 60～80 厘米，内沿高 30～35 厘米，每头牛的饲槽旁离地面 0.5 米处设自动饮水装置。每栋牛舍的前面和后面应设有运动场，成年牛每头 15～20 米²，犊牛每头 5～10 米²。运动场棚栏要求结实光滑，以钢管为好，高度为 150 厘米。运动场地面以三合土或沙质为宜，并要保持一定坡度，以利于排水。建牛舍时地基深度要达到 80～130 厘米，并高出地面，必须灌浆，与墙之间设防潮层。墙体厚 24～38 厘米，即二四墙或三七墙，灌浆勾缝，距地面 100 厘米高以下要抹墙裙。牛舍门应坚固耐用，不设门槛，宽×高为 2 米×2.2 米，南窗规格为 100 厘米×120 厘米，数量宜多，北窗规格为 80 厘米×100 厘米，数量宜少或南北对开。窗台距地面高度为 100～120 厘米，一般后窗适当高一些。

(2) 围栏育肥牛舍。围栏育肥牛舍是育肥牛在牛舍内不拴系，高密度散放饲养，牛自由采食、自由饮水的一种牛舍。围栏育肥牛舍多为开放式或棚舍，并与围栏结合使用。

①开放式围栏育肥牛舍。牛舍三面有墙，向阳面敞开，与围栏相接。水槽、食槽设在舍内，刮风下雨时能为牛遮风避雨，也避免饲草饲料淋雨变质。舍内及围栏内均铺水泥地面。每头牛占地面积，包括舍内和舍外场地应为 5 米²。顶层防水层用石棉瓦、油毡、瓦等建造。一侧应设活门，宽度应可通过小型拖拉机，以利于运进垫草和清出粪尿，厚墙一侧留有小门，主要方便人和牛的进出，保证日常管理工作的进行，门的宽度以通过单个人和单头牛为宜。这种牛舍结构紧凑，造价低廉，但冬季防寒性能差。

②棚舍式围栏育肥牛舍。此类牛舍多为双坡式，仅有水泥柱子作为支撑结

构，顶层结构与常规牛舍相近，只是用料更简单、轻便，采用双列对头式槽位，中间为饲料通道。

总之，修建牛舍的目的是给牛创造适宜的生活环境，保障牛的健康和生产的正常运行，花费较少的资金、饲料、能源和劳动力，获得更多的畜产品和较高的经济效益。

4. 场内道路和绿化

（1）道路。道路要通畅，与场外运输连接的主干道宽6米；通往牛舍、干草库（棚）、饲料库、饲料加工调制车间、青贮窖及化粪池等运输支干道宽3米。运输饲料的道路（净道）与粪污道路（污道）要分开，不能通用或交叉。改造的牛场，如果避免不了出现净道和污道交叉的情况，则应切实做好交叉处的经常性清扫消毒工作。

（2）场区绿化。牛场绿化不仅可以改善场区小气候，净化空气，美化环境，而且还可以起到隔离区域的作用。因此，绿化也应进行统一规划和布局。可根据当地实际情况种植能美化环境、净化空气的树种和花草，不宜种植有毒、有刺、有飞絮的植物。牛场绿化必须根据当地自然条件因地制宜（图1-1）。

图1-1　牛场绿化

①场区林带的规划。在场界周边种植乔木和灌木混合林带。

②场区隔离带的设置。主要用以分隔场内各区。生产区、生活区及管理区的四周都应设置隔离林带，一般可用杨树、榆树等，绿化的同时也可起到隔离作用。

③道路绿化。在场内外的道路两旁，一般种1～2行树，形成绿化带。

④运动场遮阳林。在运动场的南、东、西三侧，应设1～2行遮阳林。一

般可选择枝叶开阔、生长势强、冬季落叶后枝条稀少的树种，如杨树、槐树等。

（3）放牧通道。规模化牛场要设置放牧专用通道。

第二节　设施与设备

一、牛舍的设计与建造

1. 牛舍的类型　按屋顶形式可分为单坡式牛舍、双坡式牛舍、平顶式牛舍和平拱式牛舍；按牛舍墙壁形式可分为敞棚式牛舍、开敞式牛舍、半开敞式牛舍、封闭式牛舍和塑料暖棚牛舍等；按牛舍材料可分装配式牛舍、拴系式牛舍等；按牛床在舍内的排列形式可分为单列式牛舍、双列式牛舍和多列式牛舍。现主要介绍单坡式牛舍、双坡式牛舍、塑料暖棚式牛舍、装配式牛舍、单列式牛舍、双列式牛舍。

（1）单坡式牛舍。单坡式牛舍一般多为单列开放式牛舍，由三面围墙组成，南面敞开，舍内设有料槽和走廊，在北面墙壁上设有小窗，多将南面的空地作为运动场。这种牛舍采光好、空气流通、造价低廉，但室内温度不易控制，常随舍外气温变化而变化，夏热冬凉，只是可以减轻风雨袭击，适合于冬季不太冷的地区。

（2）双坡式牛舍。舍内的牛床排列多为双列式和多列式。这种牛舍可以是四面无墙的敞棚式，也可以是开敞式、半开敞式或封闭式。敞棚式牛舍适于气候温和的地区。在多雨的地区，可将饲草堆在棚内。这种牛舍无墙，依靠立柱设顶。开敞式牛舍有东、北、西三面墙和门窗，可以防止冬季寒风的袭击。在较寒冷地区多采用半敞开式或封闭式牛舍，牛舍北面及东面两侧有墙和门窗，南面有半堵墙的为半开放式牛舍，南面有整墙即为封闭式牛舍。这样的牛舍造价高，但寿命长，有利于冬春季节的防寒保暖，但在炎热的夏季则必须注意通风和防暑。

（3）塑料暖棚式牛舍。塑料暖棚式牛舍属于半开放式牛舍的一种，是近年来北方寒冷地区推出的一种较保温的半开放式牛舍。冬季将半开放式或开放式牛舍用塑料薄膜封闭敞开部分，利用太阳能和牛体散发的热量，使舍温升高。同时，塑料薄膜也避免了热量散失，实现暖棚科学合理的养殖。

（4）装配式牛舍。这种牛舍以钢材为原料，工厂制作，现场装备，属敞开式牛舍。屋顶为镀锌板或太阳板，屋梁为角钢焊接；U 形食槽和水槽为不锈钢制作，可随牛的体高随意调节；隔栏和围栏为钢管。

（5）单列式牛舍。典型的单列式牛舍有三面围墙、房顶盖瓦，敞开面与休息场即舍外拴牛处相通。舍内有走廊、食槽与牛床，喂料时牛头朝里。这种形式的房舍可以低矮些，且适于冬春较冷、风较大的地区。房舍造价低廉，但占用土地面积多。

（6）双列式牛舍。双列式牛舍有头对头与尾对尾两种形式。多数牛场使用只建两面墙的双列式牛舍，墙的方位随地区冬季风向而定，一般为牛舍长轴的两面设有围墙，便于清扫和牵牛进出。冬季寒冷时可用简易物品临时挡风（图1-2）。

图 1-2　双列式牛舍

2. 牛舍建筑的环境要求　母牛的生长和繁殖、犊牛的发育与它们所处的环境条件有很大关系，因此对牛舍的建筑有较高的要求。为给肉牛创造适宜的环境条件，肉牛舍应在合理标准设计的基础上，采用保暖、降温、通风、光照等措施，加强对牛舍环境的控制，通过科学的设计有效减弱舍内环境因子对牛个体造成的不良影响，获得最大的肉牛生产效益。

南北差别及气候因素对牛舍的温度、湿度、气流、光照及环境条件都有一定的影响，只有满足牛对环境条件的要求，才能获得好的饲养效果。牛舍内应干燥，冬暖夏凉，地面应保温、不透水、不打滑，且污水、粪尿易排出舍外。舍内卫生清洁、空气新鲜。由于冬季春季风向多偏西北向，牛舍以坐北朝南或朝东南为好。牛舍要有一定数量和大小的窗户，以保证太阳光线充足和空气流通。房顶有一定厚度，隔热保温性能好。舍内各种设施的安置应科学合理，以利于牛生长。

（1）牛舍温度。牛的适宜环境温度为 4～24℃。为控制适宜温度，炎热夏季应做好防暑降温工作，寒冷的冬季应做好防寒保暖工作。牛舍温度控制在适宜温度范围内，牛的增重速度最快，高于或低于此范围，均会对牛的生产性能产生不良影响。温度过高，则牛的瘤胃微生物发酵能力下降，影响牛对饲料的消化；温度过低，一方面降低饲料消化率，另一方面因牛要提高代谢率，用增加产热来维持体温，会显著增加饲料的消耗。犊牛、病弱牛受低温影响产生的负面效应更为严重，因此，夏季做好防暑降温工作、冬季注意防寒保暖非常重要。

（2）牛舍湿度。肉牛用水量大，舍内湿度会高，故应及时清除粪尿、污水，保持良好的通风，尽量减少水汽。由于牛舍四周墙壁的阻挡，空气流通不畅，牛体排出的水汽及牛舍内潮湿物体的表面水分蒸发，有时加上阴雨天气的影响，使得牛舍内空气湿度大于舍外。湿度大的牛舍有利于微生物生长繁殖，牛易患湿疹、疥癣等皮肤病。气温低时，还会引起感冒、肺炎等疾病。牛舍内相对湿度应控制在 50%～70%。

（3）牛舍气流。空气流动可使牛舍内的空气对流，带走牛体所产生的热量，调节牛体温度。适当的空气流动可以保持牛舍空气清新，维持牛体正常的体温。牛舍气流的控制及调节，除受牛舍朝向与主风向自然调节以外，还可人为进行控制，设计地脚窗、屋顶天窗、通风管等加强通风。

（4）光照。牛舍一般为自然光照，夏季应避免直射光，以防舍温升高，冬季为保持牛床干燥，应使直射光射到牛床。一般情况下，牛舍的采光系数为 1∶16，犊牛舍为 1∶（10～14）。

（5）有害气体。要对舍内气体进行有效控制，主要途径就是通风、换气、排放水汽和有害气体，引进新鲜空气，使牛舍内的空气质量得到改善。

3. 牛舍建筑结构 牛舍建造要根据当地的气温变化和牛场生产、用途等因素综合考虑。建牛舍应就地取材、经济实用，还要符合兽医卫生要求，做到科学合理。有条件的可建质量好的、经久耐用的牛舍。大规模饲养时，要考虑节省劳力；小规模分散饲养时，要考虑便于详细观察每头牛的状态，以充分发挥牛的生理特点，提高经济效益。牛舍结构要求稳固，对养殖户来说应尽量利用旧料，以节省财力和物力。

（1）地基。应有足够的强度和稳定性，以防止地基下沉、塌陷和建筑物出现裂缝倾斜，还应具备良好的清粪排污系统。

（2）墙壁。要求坚固、抗震、防水、防火，具有良好的保温和隔热性能，便于清洗和消毒，多采用砖墙，并用石灰粉刷。

（3）屋顶。能防雨水、风沙侵入，隔绝太阳辐射。要求质轻、坚固耐用、防水、防火、隔热保温；能抵抗雨雪、强风等外力因素的影响。

（4）地面。要求致密坚实、不打滑，可采用砖地面或水泥地面，便于清洗消毒，具有良好的清粪排污系统。

（5）牛床。牛床地面应结实、防滑、易于冲刷，并向粪沟倾斜，倾斜度为1.5%～2%。牛床以牛舒适为主，母牛可采用垫料、锯末、碎秸秆、橡胶垫层；育肥牛可采用水泥地面或竖砖铺设，也可使用橡胶垫层或木质垫板。

牛床的推荐尺寸见表1-2。为了提高牛舍利用率，规模不是很大的牛场可不区分犊牛舍、育成牛舍、母牛舍、育肥牛舍，而是采用通舍，此时牛床应按照需要牛床长度最长的牛来设计，宽度不需要考虑，可根据牛舍长度调整饲养头数以扩大或缩小牛床宽度。

表1-2　不同类型牛的牛床尺寸

单位：厘米

牛的类型	长	宽
犊牛	100～150	60～80
育成牛	120～160	70～90
妊娠繁殖母牛	180～200	120～150
空怀母牛	170～190	100～120
种公牛	200～250	150～200
育肥牛	160～180	100～120

（6）粪沟。宽25～30厘米，深10～15厘米，向储粪池一端倾斜，倾斜度为1：（50～100）。

（7）通道。单列式牛舍，通道位于饲槽与墙壁之间，宽1.30～1.50米；双列式牛舍，通道位于两槽之间，宽1.50～1.80米。若使用TMR车饲喂，通道宽（5±1）米。

（8）门。牛舍门高不低于2米，宽2.2～2.4米，坐北朝南的牛舍，东西门对着中央通道，百头肉牛舍与运动场之间的门不少于2～3个。

（9）窗。能满足良好的通风换气和采光。采光面积，成母牛为1：12，育成牛为1：（12～14），犊牛为1：14。一般窗户宽1.5～3米，高1.2～2.4米，窗台距地面1.2米。

（10）牛栏。牛栏分为自由卧栏和拴系式牛栏两种。自由卧栏的隔栏结构主要有悬臂式和带支腿式，一般使用金属材质悬臂式隔栏。拴系饲养根据拴系方式不同，分为链条拴系和颈枷拴系，常用颈枷拴系，有金属和木制两种（图1-3）。

图1-3　拴系式牛栏

4. 饲养密度　牛舍内饲养密度大于3.5米²/头。

二、消毒设施

1. 消毒池、消毒间　消毒池一般设在生产区和牛场大门的进出口处，当人员、车辆进入场区和生产区时，鞋底和轮胎即被消毒，从而防止将外界病原体带入牛场内。消毒池一般用混凝土建造，其表层必须平整、坚固，能承载通行车辆的重量，还应耐酸碱、不漏水。池的宽度以车轮间距确定，长度以车轮的周长确定，池深30厘米左右即可（图1-4）。

消毒间一般设在生产区进出口处，内设消毒通道、紫外灯，供职工上下班时消毒，以防工作人员把病原体带入生产区及将疫区病原体带出（图1-5）。

图 1-4 消毒池

图 1-5 消毒通道

2. 消毒设备 场区配备内外环境消毒设备，如高压水枪（高压清洗机）、喷雾器、火焰消毒器、臭氧消毒设备等，可根据本场的实际情况配备。

三、养殖设备与设施

1. 饲槽 牛舍内的固定食槽设在牛床前面，以固定式水泥槽最适用，其上宽 0.6～0.8 米，底宽 0.35～0.40 米，呈弧形，槽内缘（靠牛床一侧）高 0.35

米，外缘（靠走道一侧）高 0.6～0.8 米。为操作方便，节约劳力，应建高通道、低槽位的道槽合一式结构，即槽外缘和通道在一个水平面上（图 1-6）。

图 1-6　高低饲槽

全混合日粮饲喂的牛舍，只需在饲喂通道两侧设置很浅的食槽或者平地式饲槽即可，将日粮直接投在饲喂通道两侧，可大大节省工作量（图 1-7）。

图 1-7　平地式饲槽

2. 饮水设备　有条件的母牛舍可在饲槽旁边离地面约 0.5 米处安装自动饮水设备。一般在运动场一侧设饮水槽，数量要充足，布局要合理，以免牛争饮、顶撞。按每头牛 20 厘米计算水槽的长度，槽深 60 厘米，水深不超过 40 厘米，供水充足，保持饮水新鲜、清洁。

为了让牛经常喝到清洁的饮水，安装自动饮水器是舍饲母牛给水的最好方法（图1-8）。但在普通育肥牛舍内，一般不设饮水槽，用饲槽作饮水槽，即通槽饮水，饲喂后在饲槽放水让牛自由饮水。

图1-8 自动饮水器

3. 饲料的加工、储存设备

（1）饲料库是进行饲料加工配制及饲料储存的场所，一般采用高地基平房，即室内地平要高出室外地平，墙面要用水泥粉刷1.5米高，以防饲料受潮而变质。加工室应宽大，便于运输车辆出入，减轻装卸劳动强度。门窗要严密，以防鼠、鸟等。

（2）肉牛养殖场应有精饲料搅拌机，规模大的最好配置全混合饲料搅拌机，采用全混合日粮饲喂技术。

4. 青贮设施 青贮窖的容积应根据肉牛头数、年饲喂青贮饲料的天数、日喂量、青贮饲料的单位体积重量来定。一般情况下，玉米秸秆上梢每立方米460千克，老玉米秸秆每立方米480千克，全株玉米每立方米600千克。青贮窖的宽度要与牛的存栏量相适应，青贮坑横截面积大，每天取青贮饲料少，就易造成青贮饲料二次发酵，影响青贮饲料的品质。为了维持青贮窖截面的青贮饲料质量，应该选择合适的立面尺寸（宽度和高度），保证每天取料进度15厘米以上。尤其是夏季，由于气温较高，青贮饲料极易发生二次发酵。所以夏季每天取料进度不少于20厘米，取料时不得破坏坑的完整性，尽量沿横截面取，不能掏坑取。青贮玉米秸秆的二次发酵，使青贮饲料腐败变质，造成营养成分的损失，越优质的青贮饲料越易引起二次发酵。二次发酵的青贮饲料会使牛下痢，尿中排出氮量增加，体内氮蓄积量减少，净能效益降低，长期饲喂母牛可发生不孕、流产。因此，规模大的牛场最好配备专用的机器设备切割青贮饲料装车。青贮窖见图1-9。正确取料见图1-10。

在建造青贮窖时还要考虑出窖时运输方便，以降低劳动强度。

图1-9 青贮窖

图1-10 正确取料

5. 草棚 干草棚的设计要做到防火、防雨。干草棚尽可能设在下风向地段，与周围房舍至少保持 50 米的距离。单独建造，既可防止散草影响牛舍环境美观，又可防火。草棚内外的用电线路要有特殊的设计要求，以防止电线导致的火灾发生。草棚的设计高度要充足，屋内保证装卸草车进出畅通。机动车进入草棚要有一系列的防火措施，以免机动车喷出的火花引发火灾（图 1-11）。

图 1-11　草棚

四、辅助设施

1. 资料档案室　资料档案室用于存放各种技术资料、操作规程、规章制度、牛群购销、疫病防治、饲料采购、人员雇佣等生产管理档案。考虑到各种档案来源的部门不同，也可分别存放在不同的部门，但一定要存放在档案专柜。

2. 兽医室和人工授精室　标准化母牛繁育场要有兽医室和人工授精室。人工授精室要靠近母牛舍，不应与兽医室距离太远。也可将常规兽医室和人工授精室设置在一起，在病畜隔离区另设置简单的传染病兽医室。有多栋牛舍的大规模繁育场，需在每栋牛舍或运动场内安装保定架，以便进行人工授精、修蹄等简单处理。

常规兽医室和人工授精室应建在生产区较中心的部位，以便及时了解、发现牛群发病、发情情况。兽医室应设药房、治疗室、值班室，有条件的可增设化验室、手术室、病房。人工授精室内应设置精液稀释和检测精子活率的操作台、显微镜及人工授精保定架等设施。

3. 装牛台、地磅 配备 20 吨地磅，用于饲草收购、牛的购入与销售、牛的定期称重。

在不干扰牛场运营且车辆转运方便的地方设置装牛台，装牛台距离牛舍不宜过远，装牛台高与车厢齐高，设有缓坡与装牛台相连。牛只可经过缓坡走上装牛台进入车厢（图 1-12）。

图 1-12 装牛台

4. 专用更衣室 在生活区和生产区设置专用更衣室，专用更衣室与消毒室相邻，配备紫外线灯。备有工作服、长筒胶靴和存衣柜等，外来人员更衣换靴后方可进入。

五、运动场内的设施

1. 运动场围栏 运动场围栏由钢筋混凝土立柱式横架铁管制成，立柱间距为 3 米，立柱应高于地面 1.3~1.4 米，横梁 3~4 根。电围栏或电牧栏也比较方便，牧区应用较多。电围栏由电压脉冲发生器和铁丝围栏组成。高电压脉冲发生器放出数千伏至 1 万伏的高电压脉冲通向围栏铁丝，当围栏内的家畜触及围栏铁丝时就受到高电压脉冲刺激而退却。由于放电电流小、时间短（0.01 秒以内），所以人畜不会受到伤害。

2. 运动场设饮水槽 应在运动场边设饮水槽，保证供水充足，保持饮水新鲜、清洁。

3. 运动场凉棚 为了夏季防暑，凉棚长轴应东西向，并采用隔热性能好的棚顶。凉棚面积按每头成年牛 3~4 米^2 设计。

可借运动场四周植树遮阳，在运动场的南、东、西三侧，应设1~2行遮阳林。遮阳林选用的树种应该树冠大、长势强、枝叶开阔，夏季茂密，而冬季落叶后枝条稀少，如杨树、法国梧桐等，也可采用藤架，种植爬墙藤生植物。当外界温度达27~32℃时，林下温度要比外界温度低5℃，当外界温度达到33~35℃时，林下温度要比外界温度低5~8℃。

4. 运动场补饲槽 运动场内的补饲槽应设置在运动场一侧，其数量要充足，布局要合理，以免牛争食、顶撞。补饲槽设在运动场靠近牛舍门口，便于把牛舍中牛吃剩的草料收起来放到补饲槽内。

第三节 管理制度与记录

一、饲料供应管理

饲料管理的好坏不仅影响到饲养成本，而且对母牛的健康和生产性能都有影响。科学地保管饲料，可减少饲料发霉变质、脂肪氧化、虫蛀、鼠害等现象。

1. 合理的计划 按照全年的需要量，对所需的各种饲料提出计划储备量。在制订下一年的饲料计划时，需了解牛群现状及发展情况，主要是牛群中的成年母牛数、青年牛数、育肥牛数，测算出每头牛的日粮需要及组成（营养需要量），再累计到月、年需要量。编制计划时，在理论计算值的基础上提高15%~20%为预计储存量。饲草储存量应满足3~6个月生产用量的要求，精饲料的储存量应满足1~2个月生产用量的要求。

2. 饲料的供应 需要了解市场的供求信息，熟悉产地，摸清当前的市场产销情况，联系采购点，把握好价格、质量、数量、验收和运输，对一些季节性强的饲料、饲草，要做好收储工作，以减少饲料营养损失。

3. 加工和储存 玉米（秸秆）青贮的制备要保证质量。精饲料加工需符合生产工艺规定，混合均匀，加工为成品后应在10天内喂完，特别是空气潮湿的季节，应防止霉变。干草本身要求干燥无泥。青绿多汁饲料，要逐日按次序将其堆好，堆码时不能过厚过宽，尤其是青菜类，在高温下堆积过久，牛大量采食后易发生亚硝酸盐中毒。

4. 饲料的合理利用 根据不同生理时期、不同年龄、不同生产要求的牛群对营养的不同需求，配制不同的日粮，既满足牛的营养需要，也不浪费饲料。

5. 定期考核饲料转化率　要定期对牛群进行分析，包括育成牛的生长发育情况、育成牛的增重效果、成年牛的体膘和繁殖情况等，考核饲料转化率。

二、疫病防治制度

1. 消毒防疫制度　应制订消毒防疫制度，并上墙，包括兽医室工作制度、废弃物分类收集处理制度等。

2. 免疫接种计划　有口蹄疫等国家规定疫病的免疫接种计划，并记录完整。

根据本地区传染病发生的种类、季节、流行规律，结合牛群的生产、饲养、管理和流动情况，按需要制订相应的免疫程序，做到实时预防接种。目前，可用于牛免疫的疫苗有口蹄疫灭活疫苗、牛布鲁氏菌苗、无毒炭疽芽孢苗（炭疽芽孢Ⅱ号苗）、气肿疽明矾菌苗、破伤风类毒素、牛出血性败血症氢氧化铝菌苗、狂犬病疫苗、伪狂犬病疫苗、牛流行热疫苗、牛病毒性腹泻疫苗、牛传染性鼻气管炎疫苗等。

牛场应按照国家有关规定和当地畜牧兽医主管部门的具体要求，对结核病、布鲁氏菌病等传染性疾病进行定期检疫。

3. 肉牛常见病预防治疗规程　有预防、治疗肉牛常见病规程，如肉牛运输应激综合征的防控技术规程、布鲁氏菌病的检测与净化操作规程、产后保健技术规程等。

4. 兽药使用记录　要有完整的兽药使用记录，包括使用对象、使用时间、用量记录、用药途径、使用效果。

三、生产记录

1. 饲养管理操作规程　饲养管理操作规程应包含以下内容：肉牛的日常饲养管理、繁殖期母牛的饲养管理、犊牛的饲养管理、育成母牛的饲养管理、人工授精技术操作规程、胚胎移植技术操作规程、环境消杀规定、免疫制度、青贮饲料操作规范等。

2. 完整的生产记录　包括产犊记录、牛群周转、日粮消耗、温湿度、配种、疾病治疗、消杀、免疫、进料、人员流动等记录。

（1）购牛时有动物检疫合格证明。如果是从国外进口的牛，要有进口的各项手续。

（2）牛群周转记录包括品种、来源，进出场的数量、月龄、体重，进场后的生产记录。

（3）繁殖记录包括母牛品种、与配公牛、预产日期、产犊日期、犊牛初生重等。

3. 饲料消耗记录　有完整的精饲料、粗饲料消耗记录。

四、档案管理

1. 牛场档案管理　完整的档案记录包括以下内容：

（1）肉牛的品种、数量、繁殖记录、标识情况、来源和进出场日期。

（2）饲料、饲料添加剂、兽药等投入品的来源、名称、使用对象、时间和用量。

（3）检疫、免疫、消毒情况。

（4）畜禽发病、死亡和无害化处理情况。

（5）国务院、畜牧兽医行政主管部门颁布的文件。

2. 母牛个体档案管理　母牛个体档案的主要内容包括：场（户）名、编号、品种（杂交牛标明主要父本和主要母本）、体重、体尺（包括体高、体斜长、胸围、管围）、出生年月、胎次、配种时间、预产日期、与配公牛品种及编号、产犊时间、性别、初生重、犊牛编号、规定疫病检免疫时间、产科病病史。

3. 个体标识　个体标识是对牛群进行管理的首要步骤。个体标识有耳标、液氮烙号、条形码、电子识别标识等，目前常用的是耳标。这里建议标识牌数字采用 18 位标识系统，即 2 位品种＋3 位国家代码＋1 位性别＋12 位顺序号。顺序号的 12 位阿拉伯数码由 4 部分组成，前 2 位是省区代码，第 3～6 位是牛场代码，7～8 位出生年份，9～12 位是年内顺序。

（1）省、区号的分配。按照国家行政区划编码确定各省（直辖市、自治区）编号，由 2 位数码组成，第 1 位是国家行政区划的大区号。例如，北京市属"华北"，编码是"1"，第 2 位是大区内省市号，"北京市"是"1"。因此，北京编号是"11"。中国牛只各省（直辖市、自治区）编码表见表 1-3。

表1-3 中国牛只各省（直辖市、自治区）编码表

省（直辖市、自治区）	编码	省（直辖市、自治区）	编码	省（直辖市、自治区）	编码
北京	11	安徽	34	贵州	52
天津	12	福建	35	云南	53
河北	13	江西	36	西藏	54
山西	14	山东	37	重庆	55
内蒙古	15	河南	41	陕西	61
辽宁	21	湖北	42	甘肃	62
吉林	22	湖南	43	青海	63
黑龙江	23	广东	44	宁夏	64
上海	31	广西	45	新疆	65
江苏	32	海南	46	台湾	71
浙江	33	四川	51		

（2）品种代码。品种代码由与牛只品种名称（英文名称或汉语拼音）有关的两位大写英文字母组成。中国牛只品种代码表见表1-4。

表1-4 中国牛只品种代码表

品种	代码	品种	代码	品种	代码
荷斯坦牛	HS	利木赞牛	LM	肉用短角牛	RD
沙西瓦牛	SX	墨累灰牛	MH	夏洛来牛	XL
娟姗牛	JS	抗旱王牛	KH	海福特牛	HF
兼用西门塔尔牛	DM	辛地红牛	XD	安格斯牛	AG
兼用短角牛	JD	婆罗门牛	PM	复州牛	FZ
草原红牛	CH	丹麦红牛	DM	尼里/拉菲水牛	NL
新疆褐牛	XH	皮埃蒙特牛	PA	比利时兰牛	BL
三和牛	SH	南阳牛	NY	德国黄牛	DH
肉用西门塔尔牛	SM	摩拉水牛	ML	秦川牛	QC
南德文牛	ND	金黄阿奎丹牛	JH	延边牛	YB
蒙贝里亚牛	MB	鲁西黄牛	LX	晋南牛	JN

（3）编号的使用及说明。

①各省（直辖市、自治区）内种公牛站编号为3位数，这个编号由全国畜

牧总站核准，组织已获得《种畜禽生产经营许可证》的种公牛站和相关育种场统一实施。在此之前的《全国种公牛站统一编码表》仍然有效，但要注意区分牛场编号。

②牛场编号为 4 位数，不足 4 位数的以 0 补位。

③牛只出生年度的后 2 位数，例如，2002 年出生即写成"02"。

④牛只年内出生顺序号 4 位数，不足 4 位的在顺序号前以 0 补齐。

⑤公牛为奇数号，母牛为偶数号。

⑥在本场、种公牛站进行登记管理时，可以仅用 6 位牛只编号。牛号必须写在牛只个体标识牌上，耳标佩戴在左耳。

⑦在牛只档案或谱系上必须使用 12 位标识码；如需与其他国家的牛、其他品种牛只进行比较，则要使用 18 位标识系统，即在牛只编号前加上 2 位品种编码、3 位国家代码和 1 位性别编码。

⑧对现有的在群牛只进行登记或编写系谱档案等资料时，如现有牛号与以上规则不符，则必须使用此规则进行重新编号，并保留新旧编号对照表。普通繁育场也可根据实际情况自行编号以示识别。

五、专业技术人员配备

母牛繁殖场必须有 1 名以上经过畜牧兽医专业知识培训的技术人员，持证上岗。大规模的母牛繁育场兽医必须有执业兽医资格证，不得对外服务。对于标准化的母牛繁育场，配备本场的兽医技术人员很关键；对于大规模肉牛场，配备本场的畜牧管理人员，尤其是精通营养调配的技术人员，可以产生很大的经济效益。

第四节　环保要求

一、粪污处理

设计固定的牛粪储存、堆放场所，并有防雨、防渗漏、防溢流措施。牛粪的堆放和处理位置必须远离各类功能地表水体（距离不得小于 400 米），设在养殖场生产区及管理区常年主导风向的下风向或侧风向处。

1. 储粪场　储粪场一般设在牛场的一角，并自成院落，对外开门，以免外来拉牛粪的车辆出入生产区。储粪场地面应为水泥地面，带棚（图 1-13）。

图 1-13　储粪场

2. 粪便处理设备　根据本场实际情况，选择沼气池、化粪池、堆积发酵池、有机肥生产线等粪便处理设施。

3. 粪便及废弃物处理模式　粪便处理及废弃物处理模式有沼气生态模式、种养平衡模式、土地利用模式、达标排放模式等。

（1）养殖场（小区）应实行粪尿干湿分离、雨污分流、污水分质输送，以减少排污量。对雨水可采用专用沟渠、防渗漏材料等进行排水；对污水应用暗道收集。

（2）固体粪便无害化处理可采用静态通风发酵堆肥技术。粪便堆积 7 天以上，保持发酵温度 50℃以上，或保持发酵温度 45℃以上，时间不少于 14 天。

（3）应尽量采用干清粪工艺，节约水资源，减少污染物排放量。

（4）粪便要日产日清，并将收集的粪便及时运送到储存或处理场所。粪便收集过程中必须采取防扬散、防流失、防渗透等工艺。

（5）粪便经过无害化处理后可作为农家肥施用，也可作为商品有机肥或复混肥加工的原料。未经无害化处理的粪便不得直接施用。

二、病死牛处理

病死牛及医疗垃圾处理的原则：消除污染，避免伤害；统一分类收集、转运；集中处置；严禁混入生活垃圾排放；在焚烧处理过程中严防二次污染，必须达标排放；病死动物尸体"四不处置"，即对病死动物尸体一不宰杀、二不销售、三不食用、四不运输，并将病死牛的尸体进行无害化处理。牛场需要配备焚尸炉或化尸池等病死牛无害化处理设施。

第五节　生产水平

一、繁殖管理

母牛繁育场的繁殖管理就是要保证母牛妊娠、分娩、泌乳、带犊、再妊娠，增加肉牛数量，提高质量。

母牛繁育场的繁殖管理是对母牛妊娠、分娩、泌乳、带犊、产后再妊娠等进行计划、组织、实施，以期合理利用母牛，控制生产。

1. 繁殖记录　母牛繁殖管理的一个主要工作是做好繁殖记录，做到一头牛一个卡片，具体的繁殖记录有：

（1）发情记录。发情同期、发情日期、开始时间、持续时间、性欲表现、阴道分泌物状况等。

（2）配种记录。第几次配种、配种日期、与配公牛号、精子活率、输精时间、输精量（或输精次数）、子宫和阴道健康状况、排卵时间、配种人员等。

（3）妊娠记录。孕检时间、妊娠日期、结果、处理意见、预产期等。

（4）流产记录。胎次、配种日期、与配公牛、不孕症史、配种时子宫状况、流产日期、妊娠月龄、流产类型、流产后子宫状况、处理措施、流产后第1次发情日期、第1次配种日期、妊检日期等。

（5）产犊记录。胎次、与配公牛、产犊日期、分娩情况（顺产、接产、助产）、胎儿情况（正常胎儿、死胎、双胎、畸形）、胎衣情况、母牛健康状况、犊牛性别、编号、体重等。

（6）产后监护记录。分娩日期、恶露排出情况。如有异常需要做检查，则需记录临床状况、处理方法、转归日期等。

（7）兽医诊断及治疗记录。包括各种疾病和遗传缺陷。

2. 母牛繁殖计划　制订配种产犊计划，可以明确一年内各月参加配种的母牛数和分娩数，调节生产需要，提高养牛业经济效益。配种产犊计划的内容包括牛号、胎次、年龄、生产性能、产犊日期、计划配种日期和实际配种日期、与配公牛、预产期等。

母牛的产犊通常有均衡性分娩和季节性分娩两种类型。均衡性分娩是指各月份均有母牛分娩，一年中各月份分娩母牛较均衡；季节性分娩是指集中在某个季节分娩，如春季或秋季。具体采用哪一种配种产犊计划，应根据不同的生产方向、气候条件、饲料供应、产品需求及育种方向和某些母牛的特点而定。

3. 母牛繁育场日常繁殖管理工作

（1）母牛繁育场应建立繁殖管理平台，每天更新产犊、配种、妊娠、预产、疾病等牛群信息，这样，管理者可随时查阅每头母牛的繁殖信息，非常实用。

（2）随时了解牛群的繁殖情况，通过计算第1情期受胎率、总受胎率、繁殖率等有效方法分析总结繁殖成绩，从而掌握母牛的营养、健康、生殖状况，以及配种员的技术水平，并与设置的管理指标对比，进行绩效管理。

（3）建立繁殖记录制度。建立繁殖月报、季报和年报制度，并要求配种技术员或兽医工作者例行下列生殖道检查工作：①母牛产后14～28天检查一次子宫复位情况，对子宫恢复不良的母牛进行连续检查，直到可以配种为止；②对于阴道分泌物异常的牛和发情周期不正常的牛，应进行记录，并给予治疗；③断乳后30天以上不发情的牛，应查明原因，予以治疗；④对配种60天以上的牛进行妊娠检查。

二、母牛养殖场繁殖技术指标

母牛养殖场的繁殖技术指标有繁育场或牧场的母牛繁殖率和犊牛成活率。标准母牛繁育场的母牛繁殖率为80％以上，犊牛成活率为95％以上。

繁殖率是指本年度内出生的犊牛数占上年度终能繁母牛数的百分比，可反映发情、配种、受胎、妊娠、分娩等生殖活动机能及管理水平。犊牛成活率指断乳时成活的犊牛数占出生时活犊牛数的百分比，可反映母牛的泌乳力、带犊能力及饲养管理水平。

第二章

肉牛繁殖的理论基础

第一节　母牛的生殖器官和生理功能

　　母牛的生殖器官包括卵巢、输卵管、子宫、阴道、尿生殖前庭、阴唇、阴蒂。前4部分称为内生殖器，后3部分称为外生殖器（或外阴部）。母牛生殖道剖面图见图2-1，母牛生殖器官示意图见图2-2。

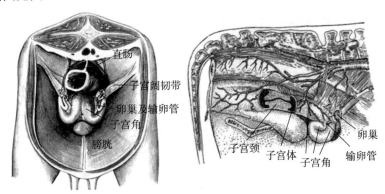

图2-1　母牛生殖道剖面图

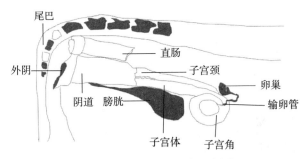

图2-2　母牛生殖器官示意图

一、内生殖器

1. 卵巢

（1）卵巢的形态。卵巢平均长 2～3 厘米，宽 1.5～2 厘米，厚 1.0～1.5 厘米。卵巢的形状、大小及解剖组织结构，随年龄、发情周期和妊娠阶段不同发生相应变化。超数排卵的母牛，卵巢体积可变得很大，常常可达 5 厘米×4 厘米×3 厘米，甚至更大。

（2）卵巢的功能。母牛卵巢的功能是分泌激素和产生卵子。卵泡是包含 1 个卵子和周围细胞的卵巢结构。在发情周期，卵泡逐渐增大，发情前几天，卵泡显著增大，卵巢分泌雌激素增多。发情时通常只有 1 个卵泡破裂，释放卵子，留在排卵点的卵泡壁细胞迅速增殖，在卵巢上形成另一个主要结构，称作黄体。黄体主要分泌孕酮，维持妊娠。

2. 输卵管 输卵管是收集卵子、卵子受精及受精卵进入子宫的管道，两条输卵管靠卵巢的一端扩大成漏斗状结构，称为输卵管伞。输卵管伞部分包围着卵巢，收集卵巢排出的卵子。卵子受精发生在输卵管的上半部膨大的部分——壶腹部，已受精的卵子（即合子）继续留在输卵管内 3～4 天。输卵管另一端与子宫角的接合点起到阀门的作用，通常只在发情时开放，让精子通过，并只允许受精后 3～4 天的受精卵进入子宫。

3. 子宫 母牛的子宫包括子宫角、子宫体、子宫颈 3 部分。子宫角先向前下方弯曲，然后转向后上方。两个子宫角基部汇合在一起形成子宫体，子宫体后方为子宫颈。子宫是精子向输卵管运行的通道，也是胚胎发育和胚盘附着的部位。子宫是肌肉发达的器官，能扩张以容纳生长的胎儿，分娩后不久又迅速恢复至正常大小。

（1）子宫角。子宫角长 20～40 厘米，角基部粗 1.5～3 厘米。经产牛比未产牛要长些、粗些。子宫角存在两个弯曲，即大弯和小弯。两个子宫角汇合的部位，有一个纵沟状的缝隙，称角间沟。在子宫黏膜上有突出于表面的子宫肉阜（约 100 个），未妊娠时很小，妊娠后便增大，称子叶。子宫壁的组织学构造为 3 层，外层为浆膜层，中层为肌肉层，内层为黏膜层，黏膜层具有分泌作用。

（2）子宫颈。子宫颈是子宫与阴道之间的部分。子宫颈阴道部突出于阴道约 2 厘米，黏膜上有放射状皱褶，称子宫颈外口。

子宫颈由子宫颈肌、致密的胶原纤维及黏膜构成，形成厚而紧的皱褶，有

2～5个横向的新月形皱褶，彼此嵌合，使子宫颈内管成螺旋状，通常情况下收缩得很紧，发情时稍有松弛，这种结构有助于防止阴道内的有害微生物侵入子宫。

子宫颈中充满子宫颈黏液，其数量和理化性质受卵巢激素调节而发生周期性变化。在发情期间，子宫颈黏液活性最强，在妊娠期间，黏液形成栓塞，封锁子宫颈口，使子宫不与阴道相通，以防止胎儿脱出和有害微生物入侵子宫。

4. 阴道 阴道把子宫颈和阴门连接起来，是自然交配时精液注入的部位。阴道前段腔隙扩大，在子宫颈外口周围形成阴道穹窿，后端止于阴瓣（也称处女膜）。阴道是交配器官，也是交配后的精子库。阴道的生化和微生物环境能保护生殖道不遭受微生物入侵。

二、外生殖器

1. 尿生殖前庭 尿生殖前庭是由阴瓣到阴门之间的部分，它的前端由阴瓣与阴道连接，腹侧壁阴瓣后方有尿道开口。人工授精时向阴道内插输精枪管，方向要向前上方，否则，输精枪管会误入尿道。

2. 阴唇 两片阴唇中间形成一个缝，称阴门裂。

3. 阴蒂 在阴门内缘包含有一球形凸起物，即阴蒂，阴蒂黏膜上有感觉神经末梢。

第二节　母牛的繁殖特性

一、发情与排卵

牛是常年发情家畜，母牛进入初情期后，每隔一段时间就会表现一次发情，周而复始，称为发情周期。发育正常的后备母牛18月龄，体重达到成年牛体重的65%～70%，即可进行配种。种公牛1.5岁就可开始利用。

1. 发情周期 发情周期的出现是卵巢周期性变化的结果。卵巢周期变化受丘脑下部、垂体、卵巢和子宫等分泌激素相互作用的反馈调控。在母牛的一个发情周期中，卵巢上的卵泡是以卵泡发育波的形式连续出现的。卵泡发育波是指一组卵泡同步发育。在一个卵泡发育波中，只有一个卵泡发育最快，成为该卵泡发育波中最大的一个卵泡，称为优势卵泡。其余的次要卵泡发育较慢、较小，一般迟于优势卵泡 1～2 天出现，且只能维持 1 天即退化。牛的一个发情周期中出现 2 个卵泡发育波较多见，个别牛有 3 个卵泡发育波。在多个卵泡发育波中，只在最后一个卵泡发育波中的优势卵泡能发育成熟并排卵，其余的卵泡均发生闭锁。卵泡的生长速度并不受同侧卵巢是否有黄体的影响，所以黄体可以连续 2 次在同侧卵巢上出现（图 2-3）。

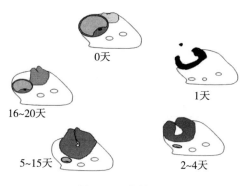

图 2-3 发情周期

卵泡的这种周期性活动一直持续到黄体退化为止。在黄体溶解时，存在的那个优势卵泡就成为该发情周期的排卵卵泡，它在黄体溶解后继续生长发育，直至排卵。有 2 次卵泡发育波的，排卵的优势卵泡在发情的第 10 天出现，经 11 天发育后排卵，发情周期为 21 天。有 3 个卵泡发育波的，排卵的优势卵泡在发情周期的第 16 天出现，但只经 7 天发育即排卵，发情周期为 23 天。

一般根据卵巢上卵泡发育、成熟、排卵，以及黄体形成和退化两个阶段，将发情周期分为卵泡期和黄体期。卵泡期是指卵泡开始发育至排卵的时间，黄体期是指卵泡破裂排卵后形成黄体，直到黄体开始退化为止。母牛发情周期的分期及其生理变化见表 2-1。

发情定为 0 天，排卵后形成黄体，黄体分泌孕激素，持续至第 16 天开始萎缩。在孕激素的作用下，卵巢上的卵泡发育受到抑制，子宫内膜增生，做好胚胎着床的准备，并能接受胚胎着床。如果空怀，在发情期的第 16～17 天，在前列腺素的作用下黄体退化，卵泡开始发育，雌激素水平升高，进入下一个发情周期。

表 2-1　母牛发情周期的分期及其生理变化

阶段划分及天数	卵泡期		黄体期		
	发情前期	发情期	发情后期	间情期	发情前期
	第18～20天	第21天、第1天	第2～5天	第6～15天	第16～17天
卵巢	黄体退化，卵泡发育、生长成熟，分泌雌激素，发情结束后排卵		黄体形成、发育并分泌孕酮，无卵泡迅速发育		黄体退化
生殖道	轻微充血、肿胀，腺体活动增加	充血、肿胀，子宫颈口开放，黏液流出	充血，肿胀消退，子宫颈收缩，黏液少而黏稠	子宫内膜增生，间情期早期分泌旺盛	子宫内膜及腺体复旧
全身反应	无交配欲	有交配欲	无交配欲		

　　肉牛的繁殖能力都有一定的年限，年限长短因品种、饲养管理以及牛的健康状况不同而不同。牛的使用年限为7～10年，公牛为5～6年。超过繁殖年限，公、母牛的繁殖能力会降低，应及时淘汰。母牛配种过早，将影响自身的健康和生长发育，所生犊牛体质弱、初生重小、不易饲养，母牛产后泌乳受影响。配种过迟不仅饲养成本高，而且易使母牛过肥，不易受胎；公牛出现自淫、阳痿等而影响配种效果。因此，正确掌握公、母牛的初配年龄，对改善牛群质量、充分发挥其生产性能和提高繁殖率有重要意义。

　　2. 母牛发情与其他动物的不同之处

　　（1）发情期短。母牛的发情周期平均为21天，与马、猪、山羊差不多，但母牛的发情期最短，一般为11～18小时，给发情鉴定带来困难，稍不注意，就会错过配种时间。

　　（2）对雌激素敏感。当母牛有发情表现时，卵巢上的卵泡体积很小，在有发情表现的初期，不易从直肠中触摸到。给母牛注射少量雌激素即可引起发情表现，也说明母牛对雌激素很敏感。因此，母牛发情时的精神状态和行为表现都比马、羊、猪明显而强烈，这就为目测发情提供了方便。

　　（3）卵泡发育时间短、过程快。牛的卵泡从出现到排卵约历时30小时，如果人为地划分牛卵泡发育的阶段，检查间隔时间稍长时，往往不能摸到其中的某一阶段，所以直肠检查发情状态非常重要。

　　（4）排卵置后。牛的排卵发生在发情征状结束后的10～12小时，这是由于牛的性中枢对雌激素的反应很敏感，在敏感反应之后进入不应期，进入不应期后，即使血液中有大量雌激素刺激性中枢，性中枢对雌激素也不起反应，牛的这一特点给发情后期的自然交配带来困难（拒绝交配），也给人工授精带来不便（输精时不安静，不利于操作）。

（5）排卵后阴门出血。发情时，血中雌激素的浓度急剧升高，使母牛子宫黏膜内的微血管增生，进入黄体期后，血中雌激素的浓度急剧降低，引起血细胞外渗，所以在母牛发情结束后 1～3 天，特别是第 2 天，可以从外阴部看到混有血迹的黏液，这种现象在初配牛有 80%～90%，经产牛有 45%～65%。

（6）产后发情晚，不能热配。马、驴可在产后 10 天左右发情配种，俗称热配。母牛产后发情时间晚，带犊母牛会更晚，不能热配。

3. 发情规律 牛为全年多次周期发情家畜。温暖季节，发情周期正常，发情表现明显。在天气寒冷、营养较差的情况下，不表现发情。壮龄牛、营养体况较好的牛，发情周期较为一致，而老龄牛以及营养体况较差的牛发情周期较长。

二、发情周期的内分泌调控

与发情周期有关的激素有促性腺激素释放激素（GnRH）、促卵泡激素（FSH）、促黄体生成素（LH）、雌激素（主要为雌二醇，E_2）、孕激素（主要为孕酮）及前列腺素（PG）等。

1. 卵泡的发育与雌激素的分泌 在垂体 GnRH 作用下，卵泡发育并产生雌激素。雌激素在血液中的浓度上升，使母牛表现发情，同时反馈引起 GnRH 的大量释放，使血液中 GnRH 的浓度急剧上升，GnRH 峰诱发卵巢上成熟卵泡排卵。

2. 黄体的形成与退化 在发情前期，血液中孕酮水平最低，排卵前的成熟卵泡颗粒层细胞在 GnRH 峰的作用下分泌孕酮，排卵后，卵泡细胞分化成黄体细胞，血液中孕酮的水平上升。LH 对孕酮的分泌是必不可少的，如果没有妊娠，子宫内膜产生的 PGF_{2a} 量上升，通过子宫静脉透入卵巢动脉，进入卵巢，引起黄体退化。

三、受精过程

受精是指精子与卵子相遇，精子穿入卵子，激发卵子，形成雄性和雌性原核并融合在一起，进而形成一个包含双亲遗传物质的细胞的过程。

进入母畜生殖道的精子，不能马上和卵子结合完成受精，必须与母牛生殖道分泌物，即发情期前后两天的输卵管液中的获能因子混合，除掉精子头部质膜上的去能因子、引发顶体反应等后，才能获得受精能力。卵子由卵巢上脱落，随卵泡液进入输卵管伞后，借输卵管纤毛的颤动、平滑肌的收缩，以及腔内液体的作用，向受精部位运行，经 8～10 小时到达受精部位——输卵管壶腹部，在此处与壶腹部的液体混合，获得受精能力。

一般精子具有受精能力的时间为 15～24 小时，卵子具有受精能力时间为 8～12 小时。所以最好在母牛排卵前输精，以便在受精部位有活力旺盛的精子等候卵子。

四、妊娠与分娩的生理变化

1. 妊娠

(1) 妊娠过程。牛受精卵在输卵管壶腹部停留到排卵后 72 小时，于受精后第 5 天进入子宫。第 7～8 天，包围受精卵的透明带崩解，第 12～13 天，胚泡呈椭圆形或管状，继而迅速成长为带状。发育着的胚泡长出绒毛膜，内含液体悬着胚胎，营养物质即可从母体子宫经过脐带进入胚胎，绒毛迅速延长，第 15 天占有原子宫角长度的 2/3，第 20 天开始进入另一子宫角，第 30～35 天绒毛膜和子宫黏膜通过胎盘建立牢固的联系。胎膜在 210 天以前生长很快，而胎儿在妊娠 120 天以后迅速生长，但增重最快是在妊娠的最后 1 个月。在配种后约 280 天分娩。

(2) 胎膜和胎盘。胎膜是胎儿本体以外包被着胎儿的几层膜结构的总称，是胎儿在母体子宫内发育过程中的临时性器官，其主要作用是与母体间进行物质交换，并保护胎儿的正常生长发育。胎膜主要包括卵黄膜、羊膜、尿膜、绒毛膜。卵黄膜存在时间很短，至 28～50 胎龄即完全消失。羊膜在最内侧，环绕着胎儿，羊膜腔内有羊水。最外层为绒毛膜，3 种膜因相互紧密接触分别形成了尿膜羊膜、尿膜绒毛膜和羊膜绒毛膜。尿膜羊膜和尿膜绒毛膜共同形成一个腔，称为尿膜腔，内有尿水。羊膜腔内的羊水和尿膜腔内的尿水总称为胎水，胎水的作用有：①保护胎儿正常发育；②防止胎儿与周围组织或胎儿本身的皮肤相互粘连；③分娩时产道天然的润滑剂，以利于胎儿排出。胎盘是指由尿膜绒毛膜与子宫黏膜发生联系所形成的特殊构造，其中尿膜绒毛膜部分为胎儿胎盘，子宫黏膜部分为母体胎盘。胎盘上有丰富的血管，是一个极其复杂的多功能器官，具有物质转运、合成、分解、代谢、分泌激素等功能，以维持胎儿在子宫内的正常发育。牛的胎盘为子叶型胎盘，胎儿子叶上的绒毛与母体子叶上的腺窝紧密契合，胎儿子叶包着母体子叶。胎儿与胎膜相联系的带状物称为脐带。牛的脐带长 30～40 厘米，内有 1 条脐尿管、2 条脐动脉和 2 条脐静脉等。

2. 妊娠期间母牛的生理变化 妊娠母牛各月份生殖器官及胎儿变化情况见表 2－2。

表2-2　妊娠母牛各月份生殖器官及胎儿变化情况

时期	卵巢	子宫角							胎儿	子宫颈	子宫中动脉
		位置	收缩反应	粗细	质地	子叶	角间沟	两角对称			
未妊娠	常一侧因有黄体而较大	骨盆腔内或耻骨前缘	触摸时可引起收缩	拇指粗	柔软	感觉不到	清楚	对称，经产牛有时一侧稍大	无	骨盆腔内	麦秆粗
妊娠1个月	孕侧有黄体大	骨盆腔内或耻骨前缘	孕侧不收缩或收缩弱，空角收缩	孕角稍粗	孕角松软有波动	感觉不到	清楚	略不对称	摸不到	骨盆腔内	麦秆粗
妊娠2个月	孕侧有黄体大	耻骨前缘下	孕侧不收缩或收缩弱，空角收缩	孕角增粗，粗约1倍	孕角薄软有波动	感觉不到	已不清楚	显著不对称	摸不到	骨盆腔内	孕侧增粗1倍
妊娠3个月	孕侧有黄体大	同上或腹腔内	无收缩	孕角明显增粗	孕角薄软有波动	有时候可摸到黄豆大	消失	显著不对称	有时可摸到	耻骨前缘	增粗2～3倍，有时可摸到特异搏动
妊娠4个月	常只能摸到非孕侧卵巢	腹腔内	无收缩	囊状	孕角薄软有波动	可摸到，如卵巢大	消失	孕角范围已不能完全摸到	有时部分摸到	耻骨前缘下，较粗，斜向前下方	特异搏动清楚，筷子粗
妊娠5个月	不能摸到	沉入腹腔	—	—	孕角薄软有波动	体积更大	—	—	可部分摸到或摸不到	耻骨前缘下方垂直向下	铅笔粗

（续）

时期	卵巢	子宫角							胎儿	子宫颈	子宫中动脉
		位置	收缩反应	粗细	质地	子叶	角间沟	两角对称			
妊娠6个月	—	沉入腹腔	—	—	孕角薄软有波动	鸽蛋大	—	—	有时可摸到	耻骨前缘下	非孕侧开始有微弱搏动 异侧特异
妊娠7个月	—	沉入腹腔	—	—	孕角薄软有波动	鸽蛋大	—	—	可以摸到	耻骨前缘前下方	孕侧小指粗，非孕侧搏动明显
妊娠8个月	—	沉入腹腔	—	—	孕角薄软有波动	鸡蛋大	—	—	可以摸到	耻骨前缘前下方	孕侧小指粗，非孕侧搏动明显
妊娠9个月	—	部分升入骨盆腔	—	—	孕角薄软有波动	鸡蛋大	—	—	部分进入骨盆腔	骨盆腔内	食指粗

妊娠期间，母牛的内分泌、生殖器官系统发生明显变化，以维持母体和胎儿之间的平衡。

（1）内分泌。妊娠期间，内分泌系统发生明显改变，各种激素协调平衡以维持妊娠。

①雌激素。较大的卵泡和胎盘能分泌少量的雌激素，但维持在最低水平，到妊娠9个月时分泌量明显增加。

②孕激素。在妊娠期间不仅黄体分泌孕酮，而且肾上腺、胎盘组织也能分泌孕酮，血液中孕酮的含量保持稳定的高水平，直到分娩前数天，孕酮水平才急剧下降。

③促性腺激素。在妊娠期间，由于孕酮的作用，使垂体前叶分泌促性腺激素的机能逐渐下降。

（2）生殖器官的变化。由于生殖激素的作用，胎儿在母体内不断发育，促使生殖器官也发生明显的变化。

①卵巢。妊娠黄体持续存在，并维持在整个妊娠期最大体积，持续不断地分泌孕酮，直到妊娠后期，黄体才逐渐消退。

②子宫。在妊娠期间，随着胎儿的增长，子宫的容积和质量不断增加，子宫壁变薄，子宫腺体增长、弯曲。

③子宫颈。妊娠后，子宫括约肌收缩、紧张，子宫颈分泌的化学物质发生变化，分泌的黏液稠度增加，形成子宫颈栓，把子宫颈口封闭起来。

④阴道和外阴部。阴道黏膜变苍白，黏膜上覆盖有从子宫颈分泌出来的浓稠黏液。阴唇收缩，阴门紧闭，直到临分娩前水肿且柔软。

⑤子宫韧带。子宫韧带中平滑肌纤维及结缔组织增生变厚，由于子宫质量增加，子宫下垂，子宫韧带拉长。

⑥子宫动脉。子宫动脉变粗，血流量增加，在妊娠中期、后期出现妊娠脉搏。

（3）体况的变化。初次妊娠的青年母牛，在妊娠期仍能正常生长。妊娠后新陈代谢旺盛，食欲增加，消化能力提高，所以母畜的营养状况改善，体重增加，毛色光润。血液循环加快，脉搏、血流量增加，供给子宫的血流量明显增大。

3. 分娩时异常

（1）产程长，容易发生难产。牛的骨盆中横径较小，髂骨体倾斜度较小，髂关节及荐椎靠后，当胎儿通过骨盆时，其顶部不易向上扩张。骨盆侧壁的坐骨上棘很高，而且向骨盆内倾斜，缩小了骨盆腔的横径。牛的骨盆轴呈"S"状弯曲，胎儿在移动产出过程中须随这一曲线改变方向，而延长了产程。骨盆的出口由于坐骨粗大，且向上斜，妨碍了胎儿的产出。

（2）胎儿较大。胎儿的头部、肩胛围及骨盆围较其他家畜大，特别是额宽，是胎儿最难产出的部分。一般肉用初产母牛难产率较高，产公犊的难产率比产母犊的高；母牛分娩时的阵缩及努责较弱。

（3）胎膜排出期长，易发生滞留。牛的胎盘属于上皮绒毛膜与结缔组织绒毛膜混合型，绒毛和子宫阜的腺窝结缔组织粘连，胎儿胎盘包被着母体胎盘，子宫阜上缺少肌纤维。另外，母体胎盘呈蒂状突出于子宫黏膜，子宫肌的收缩不能促使胎儿胎盘从母体胎盘上脱落下来。所以胎膜的排出时间短者需 3～5 小时，长者则需 10 多个小时。胎膜长时间不能排出的，属于胎膜滞留（胎衣不下）。

4. 产后生理特点　母牛产后的生理过程包括子宫复旧、恶露排出、泌乳、发情和排卵几个环节。

（1）子宫复旧。母牛子宫在排出胎儿及胎膜后 2～3 小时仍表现出较强的收缩和蠕动，即产后阵缩。第 4 天以后，这种收缩力逐渐减弱。产后两周，子宫阜快速萎缩，脂肪变性，随后，子宫壁中增生的血管、肌纤维和结缔组织部分变性被吸收，肌纤维细胞内的细胞质蛋白也逐渐减少，肌细胞的缩小使子宫变小，子宫壁变薄。同时，子宫黏膜上皮增生，母体胎盘的黏膜变性脱落，已形成新的子宫黏膜上皮。子宫重新回缩至骨盆腔，子宫颈收缩封闭，子宫基本恢复到妊娠前的状态。但子宫孕角不能完全恢复原状，比妊娠前增大许多。随着妊娠次数增加，子宫位置前移下垂。牛的子宫复旧大约需要 4 周。

（2）恶露排出。牛产后恶露彻底排出一般需 10～12 天，如果产后 3 周还有分泌物排出，则表明子宫内发生了病理变化，需进行药物治疗。

（3）泌乳。母牛在产后立即泌乳，产后 7 天分泌的乳汁为初乳，乳汁浓稠，含有丰富的抗体，有轻度通便作用，对新生犊牛的抗病力及健康发育有重要意义。

（4）发情和排卵。母牛约在产后 40 天开始发情。

第三节　生殖激素及其在肉牛繁殖中的应用

一、生殖激素的活动与调控

1. 生殖激素的调控　母牛生殖功能调控主要依靠体液，也就是通过内分泌激素来进行，这些激素分泌和作用的部位主要有丘脑、脑垂体、卵巢，卵巢的功能受丘脑与垂体的调节，而卵巢分泌的激素又反馈地作用于丘脑和垂体，形成丘脑-垂体-卵巢反射轴，通过反射、反馈达到平衡、调节卵巢功能，维持母牛的发情周期、妊娠、分娩、哺乳等生理活动。

母牛下丘脑分泌促性腺激素释放激素（GnRH）、催产素（OXT）；垂体分泌促性腺激素：促卵泡激素（FSH）、促黄体生成素（LH）、催乳素（促乳素，PRL）；卵巢分泌孕酮（P_4）、雌激素（主要为雌二醇，E_2）。

调控生殖功能的激素有多种，主要包括促性腺激素释放激素、促卵泡激素、促黄体生成素、雌激素、孕激素、催产素等，部分激素已能工厂化生产，有的激素也有了替代品，这些外源激素已广泛应用于母牛的生殖控制。

2. 生殖激素的作用特点

（1）生殖激素必须与其受体结合才能产生生物学效应。各种生殖激素均有一定的靶器官或靶细胞，必须与靶器官中的特异性受体或感受器结合后才能产生生物学效应，发挥激素生理作用。

（2）生殖激素在动物机体受分解酶的作用而丧失活性。生殖激素的生物学活性在体内消失一半时所需的时间，称为半存留期或半寿期或半衰期。半衰期短的生殖激素，一般呈脉冲性释放，在体外必须多次提供才能产生生物学作用。相反，半衰期长的激素（如孕马血清促性腺激素）一般只需一次供药就可达到超排效果。

（3）微量的生殖激素便可产生巨大的生物学效应。生理状态下，动物体内生殖激素含量极低（血液中的含量一般只有 $10^{-12} \sim 10^{-9}$ 克/毫升），但所起的生理作用却十分显著。例如，动物体内的孕酮水平只要达到 6×10^{-9} 克/毫升，便可维持正常妊娠。

（4）生殖激素的生物学效应与动物所处生理时期及使用方法有关。同种激素在不同生理时期或不同使用方法及使用剂量条件下所起的作用不同。例如，在动物发情排卵后一定时期连续使用孕激素，可诱导发情；但在发情时使用孕激素，则可抑制发情；在妊娠期使用低剂量的孕激素可以维持妊娠，但如果使用大剂量孕激素后突然停止使用，则可终止妊娠，导致流产。

（5）生殖激素具有协同或颉颃作用。某种生殖激素在另一种或多种生殖激素的参与下，生物学活性显著提高，这种现象称为协同作用。例如，一定剂量的雌激素可以促进子宫发育，在孕激素协同作用下子宫发育更明显。相反，一种激素如果抑制或减弱另一种激素的生物学活性，则该激素对另一种激素具有颉颃作用。例如，雌激素具有促进子宫收缩的作用，而孕激素则可抑制子宫收缩，即孕激素对雌激素的子宫收缩作用具有颉颃效应。生殖激素反馈调节作用及其与受体结合的特性，是引起某些激素间具有协同或颉颃作用的主要原因。

二、几种重要生殖激素及其在肉牛繁殖上的应用

1. 促性腺激素释放激素（GnRH）　促性腺激素释放激素（Gonadotropin-Releasing Hormone，简称为 GnRH），也称促黄体激素释放激素（Luteinising-hormone releasing hormone，简称为 LRH 或 LHRH），可刺激垂体合成和释放促黄体激素及促卵泡激素，促进卵泡生长成熟、卵泡内膜粒细胞增生并产生雌激素，刺激母畜排卵、黄体生成，促进公畜精子生成并产生雄激素。在肉牛繁殖上，主要用于诱发排卵，治疗产后不发情，还可用在同期发情工作上，输精时注射 LHRH 类似物 LHRH - A_3 可提高情期受胎率，治疗公畜的少精症和无精症。商品用有戈那瑞林和类似物促排三号等。

2. 催产素（OXT）　催产素的主要功能有：第一，可以刺激哺乳动物乳腺肌上皮细胞收缩，导致排乳。当犊牛吮乳时，生理刺激传入脑区，引起下丘脑活动，进一步促进神经垂体呈脉冲性释放催产素。挤乳前按摩乳房，就是利用排乳反射引起催产素水平升高而促进乳汁排出。第二，催产素可以刺激子宫平滑肌收缩。母牛分娩时，催产素水平升高，使子宫阵缩增强，迫使胎儿产出。产后犊牛吮乳可加强子宫收缩，有利于胎衣排出和子宫复原。第三，催产素可以刺激子宫分泌前列腺素 $F_{2\alpha}$，引起黄体溶解而诱导发情。第四，催产素还具有加压素的作用，即具有抗利尿和使血压升高的功能。同样，加压素也具有微弱催产素的作用。

催产素常用于促进分娩，治疗胎衣不下、子宫脱出、子宫出血和子宫内容物（如恶露、子宫积脓或木乃伊化胎儿）的排出等。催产素对经雌激素预先致敏的子宫肌有刺激作用，产后催产素的释放有助于恶露排出和子宫复旧，还可引起乳腺肌上皮细胞收缩，加速排乳。大剂量催产素具有溶黄体作用；小剂量

催产素可增加宫缩，缩短产程，起到催产作用，促使死胎排出，可治疗胎衣不下、子宫蓄脓和排乳不良等。催产素用于催产时必须注意用药时间，在产道未完全扩张前大量使用催产素，极易引起子宫撕裂和胎儿窒息。人工授精前1～2分钟，肌内注射或子宫内注入催产素，可提高受胎率。

3. 促卵泡激素（FSH） FSH 能促进卵泡发育，与促黄体素配合，促使卵泡发育、成熟、排卵和卵泡内膜粒细胞增生并分泌雌激素。对于公畜则可促进精曲小管的生长、精子生成和雄激素的分泌。在肉牛繁殖上，可促使母牛提早发情配种，诱导泌乳期乏情母牛发情；连续使用促卵泡激素，配合促黄体激素可进行超排处理；还可以治疗卵巢机能不全、卵泡发育停滞等卵巢疾病及提高公牛精液品质。

4. 促黄体生成素（LH） LH 对已被 FSH 预先作用过的卵泡有明显的促进生长作用，可诱发排卵，促进黄体形成，促进精子充分成熟。在肉牛繁殖上，可诱导排卵，预防流产，治疗排卵延迟、不排卵、卵泡囊肿等卵巢疾病，并可治疗公牛性欲减退、精子浓度不足等不育疾病。

5. 孕马血清促性腺激素（PMSG） PMSG 类似 FSH 的作用，也有 LH 的作用，可促进母牛卵泡发育及排卵，促使公牛精曲小管发育、分化和精子生成。在肉牛繁殖上，可用于催情。母牛肌内注射孕马血清促性腺激素，3～5天后可出现发情，刺激超数排卵，增加排卵率，还能促进黄体消散，治疗持久黄体。

6. 人绒毛膜促性腺激素（HCG） HCG 类似 LH 的作用，FSH 作用很小，可促进卵泡发育、成熟、排卵、黄体形成，并促进孕酮（P_4）、雌激素（E_2）合成，同时可促进子宫生长；对于公牛，可促进睾丸发育、精子的生成，刺激睾酮和雄酮的分泌。在肉牛繁殖上，促进卵泡发育成熟和排卵，增强超排和同期排卵效果，治疗排卵延迟和不排卵；治疗卵泡囊肿和促使公牛性腺发育。

7. 孕酮（P_4） 孕酮即黄体酮，与雌激素协同促进生殖道充分发育；少量孕酮可与雌激素协同作用促使母牛发情，大量孕酮则抑制发情；维持妊娠；刺激腺管已发育的乳腺腺泡系统生长，与雌激素共同刺激和维持乳腺的发育。在肉牛繁殖上，用以诱导同期发情和超数排卵；进行妊娠诊断；诊断繁殖障碍，治疗繁殖疾病。

8. 雌激素（E_2） 雌激素的主要功能有：在肉牛繁殖上，可用于催情，增强同期发情效果；排出子宫内存留物，治疗慢性子宫内膜炎等。

（1）使母牛出现并维持第二性征。

（2）刺激性中枢，使母牛出现性欲和性兴奋，有发情表现。

（3）在发情期能促使母牛表现发情和生殖道的生理变化。雌激素能促使阴道上皮增生和角质化，以利于交配；促使子宫颈管道变松弛，并使其黏液变稀薄，有利于精子通过；促使子宫内膜及肌层增长，刺激子宫肌层收缩，有利于精子运行，并为妊娠做好准备；促进输卵管的增长和刺激其肌层活动，有利于精子和卵子运行。

（4）可促使雄性个体睾丸萎缩，副性器官退化，最后造成不育，称为化学去势。

（5）促进长骨骺部骨化，抑制长骨增长，因而成熟的雌性个体体型较雄性小。

（6）促使母牛骨盆的耻骨联合变松，骨盆韧带松软以利于分娩。

（7）妊娠期间，胎盘产生的雌激素作用于垂体，使其产生促黄体生成素，对于刺激和维持黄体的机能很重要。当雌激素达到一定浓度，且与孕酮达到适当的比例时，可能使催产素对子宫肌层发生作用，为分娩提供必需的条件。

（8）刺激乳腺管道系统的生长；刺激垂体前叶分泌促乳素。

（9）促进骨骼对钙的吸收和骨化作用。

近年来，合成类雌激素物质在畜牧生产和兽医临床上应用很广。此类物质虽然在结构上与天然雌激素很不相同，但其生理活性却很强，具有成本低、可口服（可被肠道吸收、排泄快）等特点，因此成为非常经济的天然雌激素代用品。最常见的合成雌激素有二丙酸雌二醇、己烯雌酚、双烯雌酚、苯甲酸雌二醇、戊酸雌二醇、雌三醇等。

9. 前列腺素（PG） 天然前列腺素分为 3 类 9 型，与繁殖关系密切的有 PGE 与 PGF，前列腺素 F 型可溶解黄体，影响排卵，如 $PGF_{2\alpha}$ 能促进排卵，PGE 能抑制排卵，影响输卵管的收缩，调节精子、卵子和合子的运行，有利于受精；刺激子宫平滑肌收缩，增加催产素的分泌量和子宫对催产素的敏感性；提高精液品质。在肉牛繁殖上，前列腺素 $PGF_{2\alpha}$ 可用于调节发情周期，进行同期发情处理；用于人工引产；治疗持久黄体、黄体囊肿等繁殖障碍疾病，并可用于治疗子宫疾病；对公牛，则可增加精子的射出量，提高人工授精效果。

氯前列烯醇是一种人工合成的前列腺素 $PGF_{2\alpha}$ 衍生物，是一种高活性的溶黄体前列腺素类似物，由于其效果确实、价格低廉、使用方便，被广泛应用于母牛同期发情、诱导发情、卵巢及子宫疾病的治疗等方面。

生殖激素的种类、来源及主要功能见表2-3。

表2-3 生殖激素的种类、来源及主要功能

种类	名称	简称	来源	主要作用	化学特性
神经激素	促性腺释放激素	GnRH	下丘脑	促进垂体前叶释放促黄体生成素（LH）及促卵泡激素（FSH）	十肽
	催产素	OXT	下丘脑合成垂体后叶释放	子宫收缩和排乳	九肽
垂体促性腺激	促卵泡激素	FSH	垂体前叶	促使卵泡发育和精子发生	糖蛋白
	促黄体生成素	LH	垂体前叶	促使卵泡排卵，形成黄体促使孕酮、雌激素及雄激素分泌	糖蛋白
	促乳素	PRL	垂体前叶	促进黄体分泌孕酮刺激乳腺发育及泌乳促进睾酮的分泌	糖蛋白
	性腺雌激素（雌二醇为主）	E	卵泡、胎盘	促进发情行为，反馈控制促进性腺管道发育，促进雌性生殖管道发育，增加子宫收缩力	类固醇
	孕激素（孕酮为主）	P	黄体、胎盘	与雌激素共同作用于发情行为，使子宫收缩，促进子宫腺体发育、乳腺泡发育，对促性腺激素有抑制作用	类固醇
	性腺雄激素（睾酮为主）	T	睾丸间质细胞	维持第二性征、副性器官发育，刺激精子发生、刺激性欲、刺激好斗性	类固醇
	人绒毛膜促性腺激素	HCG	灵长类胎盘绒毛膜	与LH相似	糖蛋白
促性腺激素	孕马血清促性腺激素	PMSG	马胎盘	与FSH相似	糖蛋白
其他	前列腺素	PGF	广泛分布精液最多	溶黄体作用，还有多种生理作用	不饱和脂肪酸

第四节　繁殖母牛的饲养方式

我国现阶段饲养繁殖母牛有 3 种情况：一是依赖自然资源饲养繁殖母牛，主要是放牧饲养或配合部分舍饲的方式生产犊牛；二是农户少量舍饲散养繁殖母牛生产犊牛，以农户家中不宜直接出售的秸秆等农副产品为饲料；三是采用集约化大量舍饲繁殖母牛来生产犊牛，进行育肥生产。

一、肉用成年母牛的饲养方式

肉用成年母牛的饲养方式主要有放牧饲养、舍饲饲养和放牧＋补饲 3 种。

1. 放牧饲养　牧草资源丰富、草场宽阔的地区可采用放牧饲养。放牧时注意将空怀母牛、妊娠母牛分群。放牧无须特殊管理，除围产期（产犊前后）母牛外，均可放牧。放牧牛应补充矿物质饲料，特别是镁盐、微量元素。为了有效地利用牧草，可采用轮牧方式。

2. 舍饲饲养　舍饲时可一头母牛一个牛床，单设犊牛室；也可在牛床侧建犊牛岛，各牛床间用隔栏分开。前一种方式设施利用率高，犊牛易于管理，但耗人工；后一种方式设施利用率低，简便省事，节约劳动力。舍饲的牛舍要设运动场，以保证繁殖母牛有充足的运动和光照。

3. 放牧＋补饲　在饲草资源和牧草品质受限的情况下，采用白天放牧、夜间补饲的方式。在一些半农半牧区，可以冬季舍饲，春夏秋季放牧。

二、繁殖母牛放牧饲养

放牧方式节省饲料、人力和设备，成本低，有利于提高母牛和犊牛的体质。但由于践踏放牧地或草地，对牧草的利用率较低，受外界环境影响较大。采食量还受牛的体质和性情的影响，在冬季因牧草干枯、天气寒冷、游牧行走使饲养效果降低，合理放牧能最大限度地降低这些不利因素的干扰。

牛群组成应按放牧地产草量、地形地势而定，一般以 50～200 头为宜，并应考虑妊娠、哺乳、年龄等生理因素组织牛群，妊娠后期和哺乳牛应在牧草较好、距离牛舍较近的地方放牧。每天放牧时间随牧草的质与量从 7 小时至全天不等。放牧地载畜量随着牧草产量不同而变化，在保证吃饱的基础上控制牛采食行进的速度。

三、繁殖母牛舍饲饲养

舍饲方式需要大量饲料、设备与人力，成本高。相较于放牧饲养，由于缺乏运动、舍内空气质量差而使牛免疫力低下，体质较弱。但舍饲可提高饲草利用率，不受气候和环境的影响，使牛抗御恶劣环境，同时能按技术要求调节采食量，使牛群生长发育均匀。合理安排牛床能避免牛之间的争斗，便于实现机械化饲养，提高劳动效率。牧草质量较差或冬春枯草季节，放牧吃不饱时，可采用舍饲或放牧＋补饲的方式。缺少放牧地的平原农业区，牛群可采取舍饲养殖，但要提供运动场，让牛能活动，以增强体质。母牛可采取散放或定时上槽的方式饲养，不采用拴系式饲养，尽可能让牛自由采食、自由饮水；气温较低时，尽量饮 20℃ 以上的温水。母牛舍一般没有特别要求，冬季要求能防寒、防冻；夏天防雨、防冰雹、防暴晒，并以有产房为好，有利于犊牛和母牛的健康，减少疾病传播。

第三章

肉牛繁殖技术

第一节　肉牛繁殖性能描述规范及参数

一、母牛繁殖性能描述规范及参数

1. 母牛初情期　母牛初情期是母牛第 1 次出现发情表现并排卵的月龄。肉用牛品种初情期的年龄往往比乳用品种迟，一般为 8～14 月龄。

2. 发情季节　发情季节指母牛在一年中集中表现发情的季节。母牛一年四季皆可发情，以春秋季最多。

3. 发情周期　发情周期是母牛从第 1 次发情开始至下一次发情开始间隔的时间。如南阳牛母牛发情周期为 18～25 天，平均 21 天。

4. 发情持续期　发情持续期指母牛从发情开始到发情结束所持续的时间。母牛发情持续期是 24～72 小时。

5. 适时配种期　适时配种期是根据母牛自身发育的情况和饲养繁育、使用目的，人为确定的用于配种的年龄。青年母牛初配年龄为 18～22 月龄。

6. 妊娠期　妊娠期是母牛从配种至分娩的时间，通常从最后一次配种之日算起，一般为 280～285 天。一般肉牛的妊娠期比奶牛长；怀双胎母牛的妊娠期缩短 3～6 天；怀公犊的妊娠期比怀母犊的平均长 1 天；2 岁左右牛的妊娠期比成年母牛的妊娠期平均长 1 天；冬、春季分娩的牛，妊娠期则要比夏、秋季的平均长 3 天左右（表 3-1）。

表 3-1 不同种或品种母牛的妊娠期（天）

品种	平均妊娠期（范围）	品种	平均妊娠期（范围）
荷斯坦牛	278（275～282）	短角牛	283（281～284）
娟姗牛	279（277～280）	西门塔尔牛	278.4（256～308）
婆罗门牛	285	水牛	310（300～320）

7. 繁殖率 繁殖率指母牛一个年度内生的犊牛占上年适龄繁殖母牛数的百分比。标准化母牛繁育场或牧场的繁殖率应达到 80％以上。

8. 一般利用年限 一般利用年限是母牛具备繁殖能力的年限。利用年限受牛品种、健康状况、饲养管理等限制，一般为 7～10 年。

9. 生命周期 生命同期指母牛在普通饲养条件下的生存年限。如南阳牛母牛生命周期是 15 年。

10. 犊牛成活率 犊牛成活率指全年满 6 个月的成活犊牛头数占全年出生的活犊牛头数的百分比。标准化母牛繁育场的犊牛成活率应达到 95％以上。

11. 难产度 难产度指产犊的难易程度。一般分为 4 个等级，相对应的分数分别用 0 分、1 分、2 分、3 分、4 分表示（表 3-2）。

表 3-2 产犊难易评分

分值	生产方式
0 分	顺产
1 分	一人助产
2 分	两人助产
3 分	动用助产器械
4 分	剖宫产

二、公牛繁殖性能描述规范及参数

1. 公牛初情期 公牛初情期指公牛初次产生并释放精子，且具有交配能力的月龄。如南阳牛公牛初情期为 10～12 月龄。

2. 公牛性成熟期 公牛性成熟期指公牛在初情期之后继续生长达到具有正常繁殖能力的性成熟期。如南阳牛公牛性成熟期为 16～18 月龄。

3. 公牛适时配种期 公牛适时配种期指根据公牛发育的情况和饲养繁育、使用目的，人为确定的用于配种的年龄。如南阳牛公牛适时配种期为 36 月龄。

4. 射精量　射精量指健康公牛一次射出精液的量。如南阳牛公牛射精量为 2～5 毫升。

5. 精子密度　精子密度为每毫升精液中所含有的精子数目，常用血细胞计数器计算。如南阳牛公牛精子密度为 8 亿～10 亿个/毫升。

6. 精子活率　将精液样制成压片，在显微镜下一个视野内观察，其中直线前进运动的精子在整个视野中所占的比率，100% 直线前进运动者为 1.0。如南阳牛公牛精子活率 0.78。

7. 自然配种比例　自然配种比例指一个配种季节每头公牛自然状态下可承担的配种母牛数。如南阳牛公牛自然配种比例是 1∶150。

8. 人工授精比例　人工授精比例指健康公牛一次射精量经过稀释后能够用于授精的母牛数量。如南阳牛公牛人工授精比例是 1∶130。

9. 配种方式百分比　配种方式百分比指肉牛主产区内的主要繁殖交配方式所占的百分比。如南阳牛主产区配种方式百分比为：自然交配比例占 21.7%，人工授精比例占 78.3%。

10. 一般利用年限　一般利用年限指公牛在繁殖过程中能够被利用的年限。如南阳牛公牛一般利用年限是 6 年。

11. 生命周期　生命周期指公牛在普通饲养条件的生存年限。如南阳牛公牛生命周期是 10～12 年。

三、母牛繁殖管理指标的统计

1. 受配率　受配率指年度内受配母牛数占适繁母牛数的比率。

$$受配率 = \frac{受配母牛数}{适繁母牛数} \times 100\%$$

2. 受胎率　受胎率指年度内配种后妊娠母牛数占参加配种母牛数的百分比，主要反映配种质量和母牛的繁殖机能。受胎率又可分为情期受胎率、第 1 情期受胎率、年总受胎率。

（1）情期受胎率。以情期为单位的受胎率，指妊娠母牛数占年情期总配种数的百分比，即平均每个发情期能够妊娠的母牛数。年内出群的牛只，如最后一次配种距出群不足 2 个月，则该情期不参加统计，但此情期以前的受配情期必须参加统计。

$$情期受胎率 = \frac{妊娠母牛数}{年情期总配种数} \times 100\%$$

（2）第 1 情期受胎率。第 1 情期受胎率指第 1 情期配种后妊娠母牛数占第 1 情期配种母牛数的百分比。育成牛的第 1 情期受胎率一般要求达65%～70%。

$$第 1 情期受胎率 = \frac{第 1 情期配种后妊娠母牛数}{第 1 情期配种母牛数} \times 100\%$$

第 2（或第 3）情期受胎率即为第 2（或第 3）情期配种后妊娠母牛数与同期参与配种母牛数的百分比。

$$情期受胎率 = \frac{妊娠母牛数}{配种母牛数} \times 100\%$$

（3）年总受胎率。年总受胎率是指经过一次或多次配种后，妊娠母牛数占全年参加配种母牛数的百分比。年内受胎 2 次以上的母牛（包括正产受胎 2 次和流产后受胎的），受胎头数和受配头数应一并统计，即各计为 2 次；受配后 2～3 月的妊娠检查结果确认受胎要参加统计；配种后 2 个月内出群的母牛，不能确定是否妊娠的不参加统计，配种后 2 个月后出群的母牛一律参加统计。

$$年总受胎率 = \frac{妊娠母牛数}{全年参加配种母牛数} \times 100\%$$

3. 配种指数　妊娠母牛平均配种次数，指参加配种母牛每次妊娠的平均配种情期数，是反映配种受胎的另一种表达方式。

$$配种指数 = \frac{总配种次数}{妊娠母牛头数} \times 100\%$$

4. 产犊率　产犊率指产犊数（包括死产和早产）占妊娠母牛数的比率。

$$产犊率 = \frac{年内产犊数}{年内妊娠母牛数} \times 100\%$$

5. 繁殖率　繁殖率指年内出生犊牛数占上年度能繁殖母牛数的百分比。

$$年总繁殖率 = \frac{年内出生犊牛数}{上年度能繁母牛数} \times 100\%$$

6. 犊牛成活率　犊牛成活率指本年度内断乳成活犊牛数占本年度内出生犊牛数的百分比。

$$成活率 = \frac{本年度断乳成活犊牛数}{本年度内出生犊牛数} \times 100\%$$

7. 繁殖成活率　繁殖成活率是指本年度内断乳成活犊牛数占该年年终适繁母牛总数的百分比。

$$繁殖成活率 = \frac{本年度内断乳成活犊牛数}{年终适繁母牛总数} \times 100\%$$

8. 年平均胎间距（产犊间隔）　每平均胎间距指母牛相邻两次分娩之间

的间隔天数，也称胎间距。

$$年平均胎间距＝\frac{胎间距之和}{统计头数}$$

按自然年度统计。凡在年内繁殖的母牛（除头胎牛外）均应统计，年内繁殖两次的应统计两次。流产的也计为产一胎，遇到流产时，不足 270 天的胎间距不参加统计，超过 270 天的胎间距一并参加统计。

9. 不返情率　不返情率母牛配种后一定时期不再发情的头数占配种母牛总数的百分比。该指标反映牛群的受胎情况，与牛群生殖机能和配种水平有关。与受胎率相比，不返情率一般以配种母牛在配种后一定时期（如 30 天、60 天、90 天等）内没有再观察到发情作为受胎的依据，而受胎率则以直肠检查或分娩和流产作为判断妊娠的依据。母牛不返情不等于受胎。因此，不返情率值往往高于实际受胎率值。如果两值接近，说明牛群的发情排卵机能正常。

10. 流产率　流产率指流产的母牛数占受胎母牛数的百分比。

11. 双胎率　双胎率指产双胎的母牛数占分娩母牛总数的百分比。

第二节　发情配种

一、母牛发情周期

1. 发情周期（图 3-1）　发情周期指相邻两次发情的间隔天数。习惯上把出现发情当日算为零天，零天也就是上一个发情周期的最后一天。

成母牛的发情周期平均为 21 天，介于 17～25 天；育成牛的发情周期平均为 20 天，介于 18～22 天。

在一个发情周期内一般分为发情前期、发情期、发情后期、休情期 4 个时期。

（1）发情前期。发情前期即黄体退化期。在这个阶段黄体萎缩消失、卵巢略有增大，新卵泡开始发育，血中雌激素也开始增加，生殖器官充血，黏膜增生，子宫颈口松弛，尚未排黏液，无性欲表现，发情前期持续 1～3 天。

（2）发情期。发情期即卵泡期。在这期间母牛有发情征状，有性欲表现，阴户、子宫颈、子宫体充血，子宫颈口松开，卵泡发育加快，突出卵巢表面，阴道流出透明黏液。

（3）发情后期。发情后期即排卵期。母牛没有了发情表现，也变得安静，子宫颈收缩，阴道黏液变稠，分泌量减少。卵泡在破裂后形成黄体。母牛排卵时间多在发情开始后16～36小时，或者发情结束后5～15小时。

（4）休情期。休情期即黄体期。此期母牛无性欲，神态正常，这个时期可持续12～15天。配种或输精最合适的时间是母牛由被爬跨不动而转到避开爬跨，阴道流出黏液吊线程度差时。这时如直肠检查，可感知卵泡直径达1厘米，已突出卵巢表面，触摸卵泡有水泡感、膜薄，有一压即破的感觉。

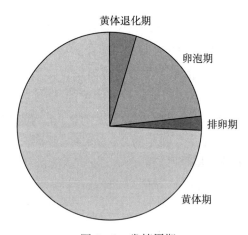

图 3-1 发情周期

准确掌握发情时间是提高母牛受胎率的关键。一般正常发情的母牛其外部表现都比较明显，利用外部观察辅以阴道检查就可以判断母牛的发情。但母牛发情持续期较短，不注意观察则容易漏配。在生产实践中，可以发动值班员、饲养员和挤乳员共同观察。建立母牛发情预报制度，根据前次发情日期，预报下次发情日期（按发情周期计算）。但有些母牛营养不良、环境应激时常出现安静发情或假发情，或生殖器官机能衰退，卵泡发育缓慢，排卵时间延迟或提前，这就需要通过直肠检查来判断其排卵时间。

2. 发情持续期 母牛由开始发情，表现发情征状到发情终止为发情持续期。成母牛的发情持续期平均为18小时，介于6～36小时；育成牛为15～16小时，介于10～21小时。

3. 排卵时间 肉牛的排卵时间因品种不同而异，一般发生在发情结束后10～12小时。黄牛集中在11～18小时，水牛集中在10～12小时，牦牛集中在12～14小时。卵子保持受精能力的时间是12～18小时，78%的肉牛在夜间排卵，半数以上发生在4：00～8：00，20%在14：00～21：00，正确掌握母牛的排卵时间可以提高母牛受胎率。

二、配种的时间

1. 母牛的初配年龄 母年初配的年龄指母牛第 1 次接受配种的年龄。母牛达到性成熟时，虽然生殖器官已经完全具备了正常的繁殖能力，但身体的生长尚未完成，骨骼、肌肉、内脏各器官仍处于快速生长阶段，还不能满足孕育胎儿的需求，如过早配种，不仅会影响自身的正常发育，还会影响犊牛的健康和以后的生产性能。母牛初配必须达到体成熟，即母牛基本上完成自身生长。

母牛的体成熟年龄是饲养管理水平、气候、营养等综合因素作用的结果，但更重要的是应根据其自身的生长发育情况而定。一般情况下，体成熟年龄比性成熟晚 4~7 个月，其体重要达到成母牛体重的 70% 左右，体重未达到要求时可以适当推迟初配年龄，相反可以适当提前初配。我国黄牛的初配年龄为 14~16 个月，水牛为 3~4 岁，牦牛为 2~3.5 岁。

2. 母牛的产后配种 母牛产后一般有 30~60 天的休情期，产后第 1 次发情的时间受牛的品种、子宫复旧情况、产犊前后饲养水平的影响。产后配种时间取决于子宫形态与机能恢复情况和饲养水平，配种过早受孕率较低，又会带来疾病隐患；配种过晚，会延长产犊间隔，降低了经济效益。根据母牛一年一犊的生殖生理特点和产后母牛的生理状态，产后 60~90 天（休情后的第 1~3 个情期）配种较为合理，且受孕率较高。

3. 公牛的初配年龄 与母牛相似，公牛的初配年龄与性成熟年龄也有一定间隔，但公牛在雄性激素的作用下，生殖器官及身体生长更加迅速，在饲养水平较好的情况下，12~14 个月龄即可采精。

4. 配种的时机 适宜的输精时间是排卵前的 6~12 小时。在实际工作中，输精在发情母牛安静接受其他牛爬跨后 12~18 小时进行。清晨或上午发现发情，下午或晚上输一次精；下午或晚上发情的，翌日清晨或上午输一次精。只要正确掌握母牛的发情和排卵时间，输一次精即可，效果并不比两次输精差，但有时受个体、年龄、季节、气候的影响，发情持续时间较长或直肠检查确诊排卵延迟时需进行第 2 次输精，第 2 次输精应在第 1 次输精后 8~10 小时进行。

实践中还有很多判断输精配种时机的方法。如在发情末期，母牛拒绝爬跨时适宜输精。此外，还可取黏液少许夹于拇指和食指之间，张开两指，距离 10 厘米，有丝出现，反复张闭 5~7 次，不断者为配种适宜期，张闭 8 次以上仍不断者，尚早，3～5次丝断者则适配时间已过。

直肠检查，卵泡在 1.5 厘米以上，泡壁薄且波动明显时适宜输精。

母牛发情后不同时间段征状和最佳配种时间见表 3-3。

表 3-3 母牛发情后不同时间段征状和最佳配种时间

发情时间	发情征状	是否输精
0～5 小时	母牛兴奋不安、食欲减退	太早
5～10 小时	母牛主动靠近公牛，做弯腰弓背姿势，有的流泪	过早
10～15 小时	母牛爬跨别的牛、外阴肿胀、分泌透明黏液、哞叫	可以输精
15～20 小时	阴道黏膜充血、潮红，表面光亮湿润，黏液开始较稀，不透明	最佳时间
20～25 小时	已不再爬跨别的牛，黏液量增多，变稠	过晚
25～30 小时	阴道逐渐恢复正常，不再肿胀	太晚

三、人工授精

1. 冷冻精液的储存 冷冻精液是将采集的种公牛精液稀释，添加抗冻保护剂，通过一定的冷冻程序，使得精子在液氮中代谢活动被抑制，在静止状态下保存起来。冷冻精液的包装上须标明公牛品种、牛号、精液的生产日期、精子活率及数量，再按照公牛品种及牛号将冷冻精液分装在液氮罐提筒内，浸入固定的液氮罐内储存。

（1）在液氮罐内储存的冷冻精液必须浸没于液氮中，定期添加液氮，正确放置提筒，不应使罐内储存的颗粒冷冻精液或细管冷冻精液暴露在液氮面之上，且液氮容量不能少于容器的 2/3（图 3-2）。

（2）取放冷冻精液时，提筒只允许提到液氮罐口以下，严禁提出罐外。在

图 3-2 冷冻精液储存

罐内脱离液氮的时间不得超过 10 秒，必要时需再次浸没后再提出（图 3 - 3）。

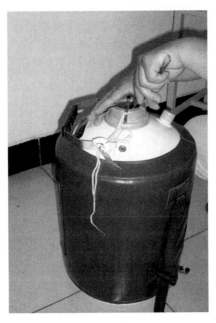

图 3 - 3　取冷冻精液

（3）在向另一液氮罐内转移冷冻精液时，用镊子夹取精液，动作要准确、快速。精液提筒脱离液氮不得超过 5 秒。

（4）取放冷冻精液之后，应及时盖上罐盖，尽量减少开启容器盖的次数和时间，以减少液氮消耗和防止异物落入罐内。严防不同品种和编号的冷冻精液混杂存放，难以辨识的应予以销毁。储存精液的液氮罐应放置在干燥、凉爽、通风、安全的专用室内，且要水平放置，不能倾斜，还要经常检查盖子是否泄漏氮气。

2. 冷冻精液的解冻

（1）细管冷冻精液用 38～40℃ 水浴解冻，时间为 10～15 秒。

（2）解冻后的细管冷冻精液应避免温度骤升和骤降，避免与阳光及有毒有害物品、气体接触。用灭菌细管剪剪去细管的封口端，装入细管输精器中进行输精。

（3）解冻后的精液存放时间不宜过长，1 小时内完成输精；解冻后精液需运输时，应置于 4～8℃ 下，且不得超过 8 小时（图 3 - 4）。

图 3-4　冷冻精液解冻

3. 精液品质检查

（1）检查精子活率用的生物显微镜载物台的温度应保持 35～38℃。新购入的精液应先进行抽样检查，以后在认为有必要的时候再进行检查。

（2）在显微镜视野下，根据呈直线前进运动的精子数占全部精子数的比率来评定精子活率。冷冻精液解冻后精子活率不得低于 0.35，在 37℃下存活时间多于 4 小时（图 3-5）。

图 3-5　精子活率检查

4. 输精前的准备

（1）输精器材的准备。输精器材应事先消毒，并确保一头牛一支输精管。

金属输精器可用水蒸气或高温干燥消毒；输精外套膜用一次性的。

（2）母牛的准备。将接受输精的母牛固定在保定架内，尾巴固定于一侧，用0.1％新洁尔灭溶液清洗消毒外阴部。

（3）输精员的准备。输精员要身着工作服，指甲需剪短磨光，戴一次性直肠检查手套。

（4）精液的准备。输精前应先进行精子活率检查，合乎输精标准的才能应用。细管冷冻精液解冻后装入输精枪套管（图3-6）。

图3-6　细管冷冻精液装入输精枪套管

5. 输精方法　目前都采用直肠把握输精法，也称深部输精法。该法具有用具简单、操作安全、输精部位深、受胎率高的优点。在输精实践中会遇到许多问题，必须掌握正确方法。术者左手呈楔形插入母牛直肠，令母牛排出宿粪，然后消毒外阴部。左手再次进入直肠，触摸子宫、卵巢、子宫颈的位置，摸清子宫颈后，手心向右下握住子宫颈，无名指平行握在子宫颈外口周围，把子宫颈握在手中，应当注意左手握得不能太靠前；否则，会使子宫颈口游离下垂，造成输精器不易插入子宫颈口。右手持输精器，向左手心中深插，即可进入子宫颈外口，然后多处转换方向向前探插，同时用左手将子宫颈前段稍抬高，并向输精器上套。输精器通过子宫颈管内的硬皱襞，立即感到畅通无阻，即抵达子宫体处，手指能很清楚地触摸到输精器的前段。确认输精器已进入子宫体后，应向后抽退一点，以避免子宫壁遮盖输精器尖端出口，然后缓慢地将精液注入，再轻轻地抽出输精器（图3-7至图3-10）。

图 3-7 准备输精

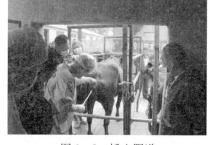

图 3-8 插入阴道

图 3-9 输精

图 3-10 输精后检查

输精时应注意的几个问题：①冷天输精时，要保持温度恒定，即要求输精管和解冻后的精液同温，以避免对精子造成温差打击。②认真耐心地坚持把精液输入子宫颈深部。个别牛努责弓腰，应拍腰，缓解努责，等努责过后再插入输精管。③输精管进入子宫颈口后如推进有困难，可能是子宫颈黏膜皱襞的阻碍导致的，此时应改变角度或稍后退，然后再插入，切忌硬插。④遇子宫角下垂或子宫不正，连带子宫颈改变生理位置时，可用手轻握子宫颈，慢慢向上提拉，使其与输精管的方向一致。⑤输精时如发现母牛子宫或阴道有炎性分泌物，则应停止输精，进行治疗。⑥输精后如发现有倒流现象，应立即补输一次。⑦若母牛直肠呈罐状（形成空洞）时，可用手臂在直肠中前后抽动以促使其松弛。用牛直肠抽气装置进行人工排气效果更好。

6. 输精量与有效精子数 输精量与输入的有效精子数因精液的类型不同而不同，冷冻精液一般输 0.1~0.2 毫升，有效精子数为 1 000 万~2 000 万个。有效精子数与授精部位有关，要获得良好的受胎效果，浅部（子宫颈口）授精需要精子数多些（易发生精液倒流），最少需 1 亿个；子宫体内授精只需500 万个即可。

7. 精子活率 目前，广泛采用的冷冻精液为细管冷冻精液，0.25

毫升/支，要求解冻后有效精子数大于 1 000 万个（DB 65/T 2163—2004），精子活率达到 0.35 以上。

第三节　妊娠与分娩

一、母牛妊娠诊断

母牛配种后应尽早进行妊娠诊断，以利于保胎，减少空怀，提高母牛繁殖率和经济效益。肉牛的妊娠诊断有以下几种方法：

1. 外部观察法　发情母牛配种后 3～4 周如果不再发情，一般表示已妊娠。这种方法对于发情规律正常的母牛有一定的参考价值，但不完全可靠，因为母牛不仅有安静发情、不明显发情，还有假发情，即使已妊娠的牛有时仍有发情表现。因此，常需用其他方法来加以确定。此外，食欲增进，性情温驯，躲避角斗或腹围随妊娠的发展而增大，妊娠后半期从外部即可观察到胎动，乳房也有较明显的发育，这些都是妊娠征状。不过以上这些征状在妊娠 3 个月以后才表现得比较明显，所以并不能用于早期妊娠诊断。

2. 直肠检查法　直肠检查法是适用于母牛妊娠诊断的一种最方便、最可行的方法，在妊娠的各个阶段均可采用，能判断母牛是否妊娠及妊娠的大概月份，还可判断一些生殖器官疾病及胎儿的存活情况。有经验的人员可以在配种后 40～60 天判断母牛是否妊娠，准确率达 90％以上（图 3-11）。

图 3-11　直肠检查

　　直肠检查判定母牛是否妊娠的主要依据是妊娠后生殖器官的一些变化，这些变化因胎龄的不同而有所侧重，在妊娠初期，以子宫角形状、质地及卵巢的变化为主；在胎泡形成后，则以胎泡的发育为主；当胎泡下沉腹腔不易触摸时，以卵巢位置及子宫动脉的妊娠脉搏为主。

　　配种后 19～22 天，子宫收缩反应不明显，在上次发情时卵巢上的排卵处有发育成熟的黄体，黄体柔软，孕侧卵巢较对侧卵巢大，疑为妊娠。如果子宫收缩反应明显，无明显的黄体，卵巢上有大于 1 厘米的卵泡，或卵巢局部有凹陷，质地较软，则可能是刚排过卵，这两种情况均表示未妊娠。

　　妊娠 30 天，孕侧卵巢有发育完善的妊娠黄体，黄体肩端丰满，顶端突起，卵巢体积较对侧卵巢大 1 倍；两侧子宫角不对称，孕角较空角稍增大，质地变软，有液体波动的感觉，孕角最膨大处子宫壁较薄，空角较硬而有弹性，弯曲明显，角间沟清楚，用手指轻握孕角从一端向另一端轻轻滑动，可感到胎囊在指间滑动。用拇指及食指轻轻提起子宫角，然后稍微放松，可以感到子宫壁内先有一层薄膜滑开，这就是尚未附植的胚囊。据测定，妊娠 28 天，羊膜囊直径 2 厘米，35 天为 3 厘米，40 天以前羊膜囊为球形，这时的直肠检查一定要小心，动作要轻柔，并避免长时间触摸，以免引起流产。

　　妊娠 60 天，由于胎水增加，孕角增大且向背侧突出，孕角比空角约粗 1 倍，且较长，两者差异很大。孕角内有波动感，用手指按压有弹性。角间沟不甚清楚，但仍能分辨，可以摸到全部子宫。

　　妊娠 90 天，孕角接近排球大小，波动明显，有时可以触及漂浮在子宫腔内如硬块的胎儿，角间沟已摸不清楚。这时子宫开始深入腹腔，子宫颈移至耻骨前缘，初产牛子宫下沉时间较晚。

　　妊娠 120 天，子宫全部沉入腹腔，子宫颈越过耻骨前缘，触摸不清子宫的轮廓形状，只能触摸到子宫背侧面及该处明显突出的子叶，形如蚕豆或小黄豆，偶尔能摸到胎儿。子宫动脉的妊娠脉搏明显可感。

　　妊娠 150 天，全部子宫沉入腹腔底部，由于胎儿迅速发育增大，能够清楚地触及胎儿。子叶逐渐增大，大如胡桃、鸡蛋；子宫动脉变粗，妊娠脉搏十分明显，空角侧子宫动脉尚无或稍有妊娠脉搏。

　　妊娠 180 天至分娩，胎儿增大，移至骨盆前，能触摸到胎儿的各部分，并能感到胎动，两侧子宫动脉均有明显的妊娠脉搏。

　　检查子宫中动脉是诊断妊娠的方法之一，特别是随着胎儿的增大，血液供给量越来越多，就可通过动脉血管的粗细与血流搏动的情况加以诊断。手紧贴骨盆腔上部摸住粗大的腹主动脉，再沿两旁摸到髂内动脉分支（子宫中动脉就是髂内动脉分出来的），再到子宫阔韧带的子宫中动脉。这个动脉在阔韧带中的长度为 10～15 厘米。子宫中动脉的直径：初胎牛妊娠 60～75 天，为 0.16～0.30 厘米；经产牛在妊娠 90 天较明显，为 0.30～0.48 厘米；妊娠 120 天，为 0.64 厘米；妊娠 150 天，为 0.64～0.95 厘米；妊娠 180 天，为 0.95～1.27 厘米；妊娠 210 天，为 1.27 厘米；妊娠 240 天，为 1.27～1.59 厘米；妊娠 270 天，为 1.59～1.90 厘米。随着动脉管变粗，管壁变薄，母牛妊娠 90 天时就可触到该动脉的脉搏。母牛妊娠 4～5 个月跳动明显，再往后就会感到动脉管中的血液像流水一样间歇地流过。母牛妊娠 5～6 个月，当子宫垂到腹腔后，利用子宫中动脉诊断妊娠更方便。

3. 阴道检查法 根据阴蒂变化对牛进行早期妊娠诊断。仔细观察阴蒂的大小、形状、位置、质地、色泽、血管分布、分泌物等，综合分析可做出诊断。

乏情母牛的阴蒂深埋于阴蒂凹内，呈扁圆形长柱状，粉白色，表面干燥无光泽，血管不明显，无分泌物，质软而斜向下；发情母牛的阴蒂埋于阴蒂凹内，粉红色，扁圆形长柱状，质地较软；妊娠 20 天内的母牛，阴蒂体积稍有增大，长约 0.6 厘米，宽 0.3 厘米，厚约 0.2 厘米，1/2 的阴蒂突出于阴蒂凹上方，红黄色，稍硬，表面发亮，稍有充血，有少量分泌物；妊娠 40 天的母牛，2/3 的阴蒂突出于阴蒂凹上方，体积继续增大，如樱桃大小，直立发硬，紫黄色，表现湿润光滑，周围黏膜呈青紫色，并有黄色分泌物，血管呈树枝状。据此用 B 型超声诊断仪在配种后 25～30 天做早孕诊断，准确率可达 98% 以上，配种 40 天即可通过显现胚胎的活动和心跳确认胚胎的存活（图 3-12、图 3-13）。

图 3-12　B 型超声诊断仪检查

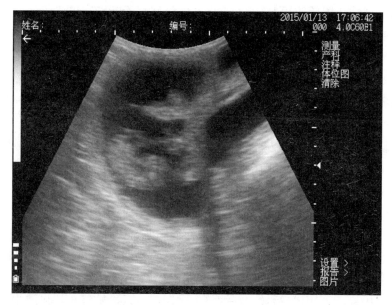

图 3-13 B型超声诊断仪显示胎儿

4. 孕酮（P₄）水平测定法 妊娠后的母牛，血液中或乳汁中孕酮的含量显著增加，所以可采用放射免疫法或蛋白结合竞争法测定母牛血液或乳汁中的孕酮含量来进行早期妊娠诊断。一般在母牛配种后 20 天左右，采集少量血样或乳样进行测定，根据测定结果进行诊断。乳汁和外周血中 P_4 含量虽然不同，但两者之间有着密切的关系，乳汁和外周血中 P_4 的含量变化规律是一致的。此法判断妊娠的准确率为 80%～95%，而判定未妊娠的准确率常可达 100%。

5. 妊娠相关糖蛋白酶联免疫测定法（PAG - ELISA） 反刍动物胎儿胎盘的滋养层双核细胞在与母体子宫上皮细胞融合时，会将一类蛋白物质释放到母畜血液中，这类蛋白物质称作妊娠相关糖蛋白（pregnancy associated glycoproteins，PAG），PAG 属于天冬氨酸蛋白酶家族的无活性酶，从外周血液中测定这种蛋白可以作为判断是否有胎儿存在的指标。PAG 又称为妊娠特异蛋白 B（pregnancy-specific proteins B，PSPB）或妊娠血清蛋白（pregnancy-specific proteins 60，PSP 60）。不同的妊娠相关糖蛋白是反刍动物妊娠后外周血液出现的特异性蛋白，在妊娠过程中发挥着重要的作用。目前，在生产上通过检测血清中 PAG 的浓度能够进行母牛的妊娠诊断。纯化蛋白质的抗体能够用于检测母牛外周血液中蛋白质的存在，这些蛋白质对胎盘组织来说具有特异性，所以通过检测母牛血液中是否有 PAG 可以判断其是否妊娠。

母牛授精 3 周后使用 PAG - ELISA 进行妊娠诊断能获得比较可靠的数据，而此时超声波和触诊检查的结果并不能满足生产上的要求；母牛授精 4 周后使用 PAG - ELISA 进行妊娠诊断可获得比超声波检查更高的准确率；母牛授精 5 周后使用 PAG - ELISA 和超声波进行妊娠诊断结果准确率基本一致。酶联免疫吸附试验方法检测 PAG 为我们提供了一种有效可靠的妊娠诊断方法。已有商品孕检试剂盒出售，按照说明书操作即可判断。

6. 早孕因子诊断法　早孕因子（early pregnancy factor，EPF）是哺乳动物受精后，所发现的最早能在血清中检测到的一种具有免疫抑制和生长调节作用的妊娠相关蛋白。

EPF 是一种新的妊娠特殊蛋白，是妊娠早期血清中最早出现的一种免疫抑制因子，它通过抑制母体的细胞免疫而使胎儿得以在母体内存活，免受免疫排斥。因此，EPF 被认为是与早期妊娠相关的物质。EPF 作为目前最早确认妊娠的生化标志之一，对妊娠母体具有很高的特异性，牛在授精后 24 小时便可在血清中检测到 EPF 活性，持续整个孕期，一旦妊娠终止，血清中 EPF 立即消失。市面上已有牛早孕因子（EPF）ELISA 测定试剂盒。

7. 类绒毛膜促性腺激素乳胶凝集抑制试验（CG-like-LAIT）法　乳胶凝集抑制试验（latex agglutination inhibition test，LAIT）是一种免疫测定法，可用来快速测定家畜乳中或尿中类绒毛膜促性腺激素（CG-like）或 P_4。此法是根据胚泡的绒毛膜滋养层细胞和胎盘子叶都能分泌类绒毛膜促性腺激素来进行早期妊娠诊断的。其原理是将 CG 吸附于聚苯乙烯乳胶珠上作为抗原，与CG 免疫血清配套作为试剂，供早期妊娠诊断用。LAIT 法早孕诊断的灵敏性高、反应迅速、操作简单、容易掌握、工作效率高，且可现场进行，是基层单位值得大力推广的牛早期妊娠诊断方法。

用 LAIT 测定尿中类 CG 进行早期妊娠诊断时，随时收集母牛自然排出的尿液，在洁净的载玻片上加 1 滴待检尿液，再加 1 滴抗血清，充分搅拌，随后加乳胶抗原 1 滴，继续搅拌 3～5 分钟，置于显微镜（100 倍）下检查或肉眼观察。出现均匀一致的凝胶颗粒为阴性（未妊娠），不出现凝胶颗粒为阳性（妊娠），出现大小不均匀、不一致的漂浮凝块者为假反应。

二、分娩

1. 预产期的推算　肉牛的妊娠期大致平均为 282 天，也可记为 9 个月零 10 天，一般为 276～285 天。母牛妊娠期的长短，与品种、年龄、胎次、营养、健康状况、生殖道状态、双胎与单胎和胎儿性别等因素有关系。如黄牛、肉牛较乳用牛的妊娠期长 2 天左右；年龄小的母牛较年龄大的母牛平均短 1 天；公犊牛较母犊牛长 1～2 天；双胎妊娠期减少 3～6 天；饲养管理条件较差的母牛妊娠期较长。

在推算预产期时，妊娠期以 280 天计算，配种时的月份数减 3，日期数加 6，即可得到预计分娩日期。例如，某牛 10 月 1 日配种，则预产期为 10－3＝7（月）；1＋6＝7（日），即该牛的预产期是下一年的 7 月 7 日。如按 282～283 天计算，可用月份加 9，日数加 9 的方法来推算。

2. 分娩预兆　随着胎儿逐步发育成熟和产期的临近，母牛身体会发生一系列先兆变化，为保证安全接产，必须安排有经验的饲养人员昼夜值班，注意观察母牛的临产征状。

（1）乳房变化。产前约半个月，妊娠牛乳房开始膨大，乳头肿胀，乳房皮肤平展，皱褶消失，有的经产牛还见乳头向外排乳。

（2）阴唇和阴道。妊娠后期，妊娠牛外阴部肿大、松弛，阴唇肿胀、松软、充血，阴唇皮肤上的皱褶逐渐展平，阴道黏膜潮红，如发现阴门内流出透明索状黏稠液体，则 1～2 天内将分娩。

（3）子宫颈。在分娩前 1～2 天开始肿胀、松软，子宫颈内黏液栓变稀，流入阴道，从阴门可见透明黏液流出。

（4）荐坐韧带变化。妊娠末期，荐坐韧带松弛软化，臀部有塌陷现象，在分娩前 12～36 小时，韧带充分软化，尾部两侧肌肉明显塌陷，俗称"塌沿"，这是临产的主要前兆。"塌沿"现象在黄牛、水牛中表现较明显，肉用牛由于肌肉附着丰满，这种现象不明显。

（5）体温。据研究，母牛临产前 4 周体温逐渐升高，在分娩前 7～8 天高达 39～39.5℃，但临产前 12 小时左右体温可下降 0.4～1.2℃。

（6）外部表现。临产前母牛表现不安、食欲减退或停食；前肢出现搂草动作，常回顾腹部；频频排粪、排尿，但量很少；举尾，起立不安。此时应有专人看护，做好接产和助产的准备。

3. 生产　胎位正常时，三件（唇及二前蹄）俱全，可等候其自然出生。

第四章

肉牛繁殖技术操作规程

第一节　分娩母牛和新生犊牛的护理

一、母牛围产前期的饲养管理

围产前期是指母牛分娩前 2 周，此时胎儿已经发育成熟，母牛腹围粗大，面临着分娩，身体十分笨重。预产前 7～15 天将母牛集中移入产房，由熟练工人负责饲养看护。

临近产期的母牛要停止放牧，以舍饲饲养为主。精饲料每头日喂量 1.5～2.0 千克，每天饲喂 3 次。以饲喂优质粗饲料（干草）为主，禁止饲喂玉米青贮和块根等多汁饲料。同时，要减少食盐和钙的喂量，钙添加量减至日常喂量的 1/3～1/2，或把日粮干物质中钙的比例降至 0.2%，适当增加麸皮含量，防止母牛产后便秘。每天保持运动 3～4 小时，预产前 3 天每天运动 1～2 小时，这样可以有效预防难产和胎衣不下。预产前 5～10 天，进行昼夜监护，注意观察母牛的采食与乳房变化，做好接产的准备工作。备齐消毒药和急救药品，垫草要柔软、清洁、干燥。

二、分娩与助产

1. 分娩预兆　随着胎儿逐步发育成熟和产期的临近，母牛身体会发生一系列先兆变化，为保证安全接产，必须安排有经验的饲养人员昼夜值班，注意观察母牛的临产征状。

2. 分娩过程

（1）开口期。开口期为从子宫开始阵缩到子宫颈口充分开张为止的一段时间，一般为 2～8 小时（介于 0.5～24 小时）。这时只有阵缩而不出现努责。初产牛表现不安，时卧时起，徘徊运动，尾根抬起，常做排尿姿势，食欲减退。经产牛一般比较安静，有时看不出有什么明显表现。

（2）胎儿产出期。胎儿产出期是从子宫颈充分开张至产出胎儿的一段时间，一般持续0.5～2小时（介于0.5～6小时）。初产牛通常持续时间较长。若是双胎，则两胎儿排出间隔时间一般为20～120分钟。这个时期的特点是阵缩和努责同时作用。进入这个时期，母牛常侧卧，四肢伸直，强烈努责，羊膜绒毛膜形成第1胎囊突出阴门外，该囊破裂后，排出淡白色或微带黄色半透明的黏稠羊水。胎儿产出后，尿膜才破裂，流出黄褐色尿水。有时尿膜绒毛膜形成第1胎囊先破裂，然后羊膜绒毛膜囊才突出阴门破裂。在羊膜破裂后，胎儿前肢和唇部逐渐露出并通过阴门，这时母牛稍事休息后，继续把胎儿排出。这一阶段的子宫肌收缩期延长，松弛期缩短，胎儿的头和肩胛骨宽度大，娩出最费力，努责和阵缩最强烈。

（3）胎衣排出期。胎衣排出期是从胎儿产出后到胎衣完全排出为止的一段时间，一般需2～8小时（介于0.5～12小时）。当胎儿产出后，母牛即安静下来，子宫继续阵缩（有时还配合轻度努责）使胎衣排出。若超过12小时，胎衣仍未排出，即视为胎衣不下，需及时采取处理措施去除胎衣，特别是夏季。处理方法有人工剥离或用药灌注，两者结合使用效果更好。

3. 助产的准备工作

（1）产房的准备。母牛分娩时要集中精力，任何不良因素都会影响分娩进程。为了分娩的安全，应设有专用产房和分娩栏。产房要求清洁、宽敞、干燥、阳光充足、通风良好、安静；产房墙壁、地面要平整，以便于消毒；产房铺垫的褥草不可切得过短，以免犊牛误食而卡入气管内。临产母牛应在预产期前1周左右进入产房，值班人员随时注意观察分娩征兆。

（2）助产用器械和药品。产房内应该备有常用助产器械及药品，如乙醇、碘酒、新洁尔灭、催产素、药棉、纱布、细线绳、产科绳、剪刀、手术刀、镊子、针头、注射器、手电筒、手套、肥皂、毛巾、塑料布、面盆、胶鞋、工作服、常用手术助产器械等。

4. 正常分娩的助产　分娩是母牛正常的生理过程，一般不需助产，但胎位不正、胎儿过大、母牛娩出无力等情况会给母牛正常分娩带来一定困难，这时需要人为帮助，以确保母仔安全。

（1）清洗母牛的外阴部及其周围部位。当母牛出现分娩征兆时，应将其外阴部、肛门、尾根及后躯洗净，再用0.1%新洁尔灭溶液消毒。

（2）观察母牛的阵缩和努责状态。正常分娩时，子宫肌的收缩（即阵缩）和腹肌、膈肌的收缩（即努责）推动胎儿向产道移动，当胎儿进产道，母牛开始拱背闭气努责，属正常生理反应。努责微弱时，胎儿排不出来，或仅排出一部分，或双胎只排出 1 个胎儿后不再努责，属分娩力量不足；当努责过于强烈或努责时间过长，2 次努责间歇时间很短，胎儿迅速排出时，软产道往往会受到创伤。如产程过长，子宫颈口已安全开张，胎水已排出，尤其是胎儿已经死亡时，助产人员应采取措施，设法将胎儿拉出。

胎儿姿势不正常会造成难产，如果子宫肌出现痉挛性强直性阵缩，母体胎盘血管受到压迫，会使胎儿长期缺氧而窒息，有的还会继发子宫脱出。此时，可使母牛站立，抬高后躯，以减轻子宫对骨盆的接触和压迫，也可牵引母牛走动或捏其阴蒂可使努责减弱，必要时可使用麻醉药品。

（3）检查胎儿和产道的关系是否正常。母牛分娩进入胎儿产出期后，胎儿的前置部分已经进入产道，当母牛躺卧努责，从阴门可看到胎膜露出时，助产人员可把消过毒的手臂伸入产道检查胎儿的方向、位置及姿势是否正常，以便及早发现问题及时矫正。检查时可以隔着胎膜触诊，不要轻易撕破胎膜，也可以在尿囊破裂后进行进一步检查。

分娩时胎儿是否能顺利地产出，与胎儿在子宫内的方向、位置、姿势有密切关系。胎儿必须是正常胎向、胎位、胎势，分娩时才能顺利通过母牛产道。正常胎位见图 4 - 1。

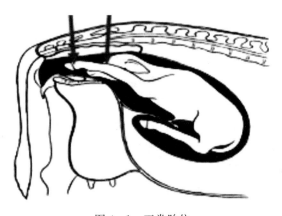

图 4 - 1　正常胎位

胎向是指胎儿的背腰与母牛背腰的关系，分为 3 种：①纵向，即胎儿的背腰与母牛的背腰呈平行状态，这是正常的胎向。其中，胎儿的前肢和头部朝向产道开口的为正生，这种情况下分娩的占多数；胎儿的后肢和臀部朝产道开口的为倒生，这是少数。②横向，即胎儿横在子宫内，胎儿的背腰和母牛的背腰几乎垂直，背部或腹部朝向产道，这种情况易发生难产。③竖向，即胎儿竖在子宫内，胎儿的背腰和母体的背腰呈上下垂直，胎儿的头部或上或下，背部或腹部朝向产道，这种情况也易发生难产。

胎位表示胎儿在母体内的位置，以胎儿背部和母体背部的相对关系来表示，分为3种：①上位，即胎儿伏卧在子宫内，背部向上，这是正常的胎位；②下位，即胎儿仰卧在子宫内，背部向下，这是异常的胎位；③侧立，即胎儿的背部向着母体一侧的腹壁。

胎势是指胎儿本身的姿势。胎儿未进产道前，一般头、四肢呈蜷曲的姿势。前置是指胎儿的解剖部位与母体骨盆入口的关系，在分娩中胎儿在子宫内通常是纵向的，多数是头前置，背部向上为正生。

检查胎儿的姿势是否正常，主要是通过触诊头、颈、尾及前后肢的形态特点状况，判断胎儿姿势和前置部位，检查蹄底的方向也很重要。胎儿正生时应三件（唇及二前蹄）俱全。如果两前肢露出很长时间而不见唇部，或露出唇部而不见前蹄，则可能是头颈侧弯、额部前置、颈部前置、头向后仰等不正常姿势。如果两前肢长短不齐，则有可能是肘关节屈曲、肩部前置。如果只摸到嘴唇而触不到前肢，则有可能是肩部前置、两侧腕部前置或肘关节屈曲。倒生时，两后肢蹄底向上，可摸到尾巴。如果在产道内发现2条以上的腿，则可能是正生后肢前置或倒生前肢前置，可根据腕关节及跗关节的差别做出判断。

在检查胎儿和产道关系的同时，也应检查产道的松软及润滑程度，子宫颈松弛及扩张程度，骨盆腔的大小、软硬及产道有无异常现象，以判断有无发生难产的可能。

（4）处理胎膜。牛的胎膜多是羊膜绒毛膜先形成一囊状物突出于阴门，努责及阵缩加强时，将胎儿推向产道的力加大，羊膜绒毛膜由于胎盘的牵扯而破裂，流出淡白色或微黄色半透明的黏稠羊水。有时尿膜绒毛膜先露出于阴门外破裂而排出黄褐色的尿水。因此，牛胎儿排出时不会有完整的胎膜包被。在胎儿娩出过程中，不要随意强行撕破胎膜。

（5）保护会阴及阴唇。胎儿头部通过阴门时，如果阴唇及阴门非常紧张，助产员应用手护住阴唇及会阴部，使阴门横径扩大，促使胎儿头部顺利通过，且能避免阴唇上联合处被撑破撕裂。

（6）帮助牵拉胎儿。

①牵拉胎儿的时机。在下述任何一种情况下，都应将胎儿牵拉出来。

头部通过过慢：正生时，胎儿头部尤其是眉弓部通过阴门比较困难，所需时间较长。

胎儿排出过慢：可能是由于产道狭窄或胎儿某部过大。

母牛阵缩、努责微弱：无力排出胎儿。

倒生：倒生时脐带常被挤压于胎儿和骨盆底之间，影响血液流动，可能造成胎儿窒息死亡，需要尽快排出胎儿。

②牵拉胎儿须遵循下述原则。

胎儿姿势正常：配合努责牵引比较省力，而且也符合阵缩的生理要求，助手还应推母牛的腹部，以增加努责的力量。

按照骨盆轴的方向牵拉：牛的骨盆轴并不呈一条直线，由腰部向尾部的轴线走向是先向上，再水平，然后向下，牵拉胎儿过程也应随这一曲线方向，先向上，待胎儿头颈部出阴道口后再水平，在胎儿胸腰部出阴道口后向下、向外牵拉。当胎儿肩部通过骨盆入口时，因横径大，排出阻力大，此时牵拉应注意不要同时牵拉两前肢，而应交替牵拉两前肢，使肩部倾斜，缩小横径，容易拉出胎儿。当胎儿臀部将要排出时，应缓慢用力，以免造成子宫内翻或脱出，也避免腹压突然下降，导致母牛脑部缺血。当胎儿腹腔部通过阴门时，应将手伸到胎儿腹下握住脐带，与胎儿同时牵拉，以免将脐带扯断在脐孔内。

三、新生犊牛的护理

1. 保证呼吸畅通　胎儿产出后，应立即擦净其口腔和鼻孔内的黏液，避免妨碍犊牛的正常呼吸和将黏液吸入气管及肺内，或在胎儿的口鼻端露出阴门时就擦净其上的黏液，观察呼吸是否正常。如犊牛产出时已将黏液吸入而造成呼吸困难，可两人合作，握住两后肢，倒提犊牛，拍打其背部，使黏液排出。如犊牛产出时已无呼吸，但还有心跳，可在清理其口腔及鼻孔黏液后将犊牛以仰卧姿势放于地面上，头侧转，按每6～8秒一次按压与放松犊牛胸部进行人工呼吸。

2. 处理脐带　胎犊娩出时，脐带一般被拉断，脐带没有拉断时应将脐血管中的血液捋向胎儿，以增加胎儿体内的血液。剪脐带前应在脐带基部涂上5％碘酊，以细线在距脐孔5厘米处结扎，向下隔3厘米再打一线结，在两结之间涂以5％碘酊后，用消毒剪剪断，断端应在5％碘酊中浸泡，也可用烙铁断脐，断面再涂以5％碘酊。在卫生条件好的环境里，断脐后可以不包扎，每天用 5％碘酊处理 1 次，以促进其干缩脱落。通常新生犊牛脐带在出生后 1 周左右干缩脱落，在脐带干缩脱落前后，要注意观察脐带的变化，出现滴血或排液现象可能是由于脐血管或脐尿管闭锁不全所引起，要及时治疗和结扎。

3. 去软蹄　用手剥去小蹄上附着的软组织（软蹄），避免蹄部发炎。

4. 擦干犊牛体表　犊牛身上的黏液可让母牛舔干，也可用干草擦干。舔食犊牛身上的羊水能增强母牛子宫的收缩，有利于胎膜排出。

5. 尽早吮食初乳　待体表被毛干燥后，犊牛即试图站立，此时即可人工喂食初乳或让犊牛吸食母乳。一般要求在产后 2 小时内食入母牛初乳 1～2 千克。

初乳是指母牛分娩后 7 天内的乳汁。初乳除含有犊牛生长发育所必需的营养物质外，还含有抗体，以及大量的镁盐，具有轻泄作用，有助于胎粪排出。初乳与常乳相比有以下特点：营养全面、干物质含量高、易消化、酸度高。干物质中蛋白质的含量比常乳高 4～5 倍，白蛋白与免疫球蛋白比常乳高几十倍，尤其是免疫球蛋白含量高约 100 倍。白蛋白是极易消化的，对初生犊牛特别有利。初乳中的免疫球蛋白从母牛到新生犊牛的被动转移具有极其重要的意义，因为犊牛在 5 周之内不能获得主动免疫，初乳中的抗体是免疫球蛋白唯一的来源，可保护犊牛出生后免受传染病的影响。

初乳所含的营养物质常随母牛产后时间的推移而逐渐下降。分娩后 30 分钟之内第 1 次所挤的初乳质量最好，第 2 次、第 3 次则抗体的浓度降低了 30％～40％。犊牛刚生出能较好地吸收初乳中的免疫球蛋白，出生后 24～36 小时，肠道就不能再吸收免疫球蛋白了，如出生 24 小时内不能吃上初乳，犊牛就会对许多病原丧失抵抗力，特别是致病性犊牛大肠杆菌。犊牛刚出生时抗体的吸收率约为 20％（6％～55％）。直到出生后的 4～6 周，其自身的免疫系统才开始逐渐产生抗体。

6. 保暖保温　冬季出生的犊牛，除了采取护理措施外，还要搞好防寒保温工作，但不宜用柴草生火取暖，以防犊牛遭烟熏患肺炎等疾病。

7. 保持环境卫生　要保持犊牛舍清洁、通风、干燥，牛床、牛栏应定期用 2％氢氧化钠溶液冲刷，且消毒药液也要定期更换品种。褥草应勤换。冬季犊牛舍温度要达到 18～22℃。当温度低于 13℃时新生犊牛会出现冷应激反应；夏天通风良好，保持舍内清洁、空气新鲜。新生犊牛最好圈养在犊牛栏内。在放入新生犊牛前，犊牛栏必须消毒并空舍 3 周，以防止病菌交叉感染。应将下痢犊牛与健康犊牛完全隔离。

四、产后母牛的护理

1. 补充水分 在分娩过程中,母体丧失很多水分,产后要及时饮用足够的温盐水、麸皮汤、面汤或麸皮盐水。

2. 清洗消毒 用消毒液清洗母牛的外阴部、尾巴及后躯。因为胎儿娩出过程中会造成产道表浅层创伤,娩出胎儿后子宫颈口仍开张,子宫内积存大量恶露,微生物极易侵入,引发产后疾病,因此要做好清洗消毒工作。

3. 观察母牛努责情况 产后数小时内,母牛如果依然有强烈努责,尾根举起,食欲减退及反刍减少,应注意检查子宫内是否还有胎儿或有子宫内翻脱出、产道是否有异常出血。

4. 检查排出的胎膜 胎儿娩出后,要及时检查胎膜的排出情况。胎膜排出后,应检查是否完整,并注意将胎膜及时从产房移出,以防母牛吞食胎膜。若胎膜不能按时排出,应及时进行处理。产后胎衣排出时间一般在 4～6 小时,不应超过 12 小时。

5. 观察恶露排出情况 恶露最初呈红褐色,以后变为淡黄色,最后为无色透明状,正常恶露排出的时间为 10～12 天。如果恶露排出时间延长,或恶露颜色变暗、有异味,母牛有全身反应则说明子宫内可能有病变,应及时检查处理。

第二节 母牛带犊繁育

一、建立母牛带犊繁育体系

结合犊牛的生长发育特点及母牛的产后生殖生理特点,针对母牛带犊繁育体系饲养技术的特殊性,将传统的饲养技术同现代饲养技术结合,建立母牛带犊繁育体系,解决母牛带犊繁育体系中妊娠阶段补饲及产后母牛饲养管理等各方面易出现的问题,推行犊牛代乳料的使用及早期犊牛补饲技术等,依据犊牛生产方向的不同确定不同的饲养方案。

二、常乳期的哺喂和补饲

犊牛经过 7 天初乳期之后开始哺喂常乳,至完全断乳的这一阶段称为常乳期。这一阶段是犊牛体尺、体重增长及胃肠道发育最快的时期，尤其以瘤胃、网胃的发育最为迅速，此阶段是由真胃消化向复胃消化转化、由饲喂乳品向草料过渡的一个重要转折时期。

肉用杂交犊牛自然吃母乳，因此要随时观察母牛泌乳情况，如遇乳量不足或母牛乳房疾病，应及时改善饲养或治疗。如出现乳量过于充足造成犊牛腹泻的情况，母牛饲喂量可减少或人工挤掉一部分乳，暂时控制犊牛哺乳次数和哺乳量，并及时治疗腹泻。如有条件，最好把母牛与犊牛隔开，采用自然定时哺乳的方法，一昼夜哺乳4～6次，但必须让犊牛准时哺喂。如果舍饲管理，2周龄以后应当训练犊牛采食少量精饲料和铡短的优质干草。4周龄后可投放少量混合精饲料饲喂犊牛，以促进犊牛的瘤胃发育，为断乳后采食大量的饲草料创造条件。在圈舍或运动场内必须备有清洁新鲜的饮水，供犊牛随时饮用。为保证母牛按时发情、配种和正常妊娠，必须及时断乳。如果犊牛初生重太小或曾患病，可通过加强饲养管理的方法弥补，不应延长哺乳期。

犊牛的哺乳期应根据犊牛的品种、发育状况、牛场（农户）的饲养水平等具体情况确定。精饲料条件较差的牛场，哺乳期可定为4～6个月；精饲料条件较好，哺乳期可缩短为3～5个月；如果采用代乳粉和补饲犊牛料，哺乳期则为2～4个月。

1. 哺喂常乳的方法　一般肉用犊牛采用自然哺乳。如果母牛产后死亡、虚弱、缺乳，或母性不佳，不能自然哺乳，可寻找乳汁充足的其他母牛代喂养，或人工哺乳。

人工哺乳时初乳、常乳变更应注意逐渐过渡（4～5天），以免造成犊牛消化不良。同时做到定质、定量、定温、定时饲喂。

实践证明，给予高乳量和长时间哺乳饲养的犊牛，虽然犊牛增重快，但对其消化器官的锻炼和发育很不利，而且加大了饲养成本，母牛产后长时间不能发情配种。所以，应当减少哺乳量和缩短哺乳期。哺乳方案多采用"前高后低"，即前期喂足乳，后期少喂乳，多喂精粗饲料。肉用犊牛3～4月龄断乳的培育方案见表4-1。

表4-1　肉用犊牛3～4月龄断乳的培育方案

日龄或月龄	全乳（千克）		精饲料（千克）	干草（千克）	青贮饲料或秸秆（千克）
	日喂量	全期喂量			
0～7天	初乳（4.0）	30	—	—	—

（续）

日龄或月龄	全乳（千克）		精饲料（千克）	干草（千克）	青贮饲料或秸秆（千克）
	日喂量	全期喂量			
8～20 天	5.0	60	训食	训食	—
21～30 天	7.0	70	自由	自由	—
31～40 天	6.0	60	0.5	0.2	—
41～55 天	5.0	75	1.0	0.4	—
56～70 天	4.0	60	1.5	0.8	训食
71～90 天	2.0	40	2.0	1.0	自由
91～120 天	1.0	30	2.0	1.0	自由

注：哺乳量合计约 430 千克全乳，120 天哺乳期，3～4 个月断乳。

（1）随母哺乳法。犊牛出生后每天跟随母牛哺乳、采食和放牧，哺乳期为5 个月，长者 6～7 个月，易管理，节省劳动力，有利于犊牛的生长发育。但不利于母牛的管理，母牛的饲养管理成本加大，小型的肉牛繁育场或农户可采用此法（图 4-2）。

图 4-2 母牛带犊

（2）保姆牛哺乳法。即 1 头产犊母牛同时哺育 2～3 头出生时间相近的犊牛，应注意选择产奶量较高、母性好、健康无病的母牛作保姆牛，喂乳时母牛和犊牛在一起，平时分开，轮流哺乳。这种方法可节约母牛的饲养管理成本，也节约劳动力，但缺点是会增加疾病传播风险，建议卫生条件好的大中型肉牛繁育场采用。

（3）人工哺乳法。对乳肉兼用和一些因母牛产后泌乳少或没有母乳可哺喂的犊牛，可采取人工哺乳犊牛。国际上一些先进的肉牛繁殖场采取 90 日龄分期人工哺乳育犊方案：1～10 日龄，5 千克/天；11～20 日龄，7 千克/天；21～40 日龄，8 千克/天；41～50 日龄，7 千克/天；51～60 日龄，5 千克/天；61～80 日龄，4 千克/天；81～90 日龄，3 千克/天。辅以精饲料和干草。

人工哺乳的方式有奶桶喂和带奶嘴的奶壶喂两种，后者效果较好。如用奶桶喂，奶桶要固定，开始几次要用手引导犊牛吸入，喂完后用干净毛巾擦干犊牛嘴角周围的乳渍。

犊牛在吸吮母牛乳头或用奶嘴吸吮液体饲料时，能反射性地引起食管沟两侧的唇状肌肉收缩卷曲，使食管沟闭合成管状，形成食管沟闭合反射。在用桶、盆等食具给犊牛喂乳时，由于缺乏对口腔感受器的吮吸刺激作用，食管沟闭合不完全，往往有一部分乳汁流入瘤胃和网胃，经微生物作用发酵、产酸，造成犊牛消化不良。

2. 尽早补饲犊牛精饲料和干草以刺激瘤胃发育　随着哺乳犊牛的生长发育、日龄增加，每天需要增加营养，而母牛产后 2～3 个月产奶量逐渐减少，出现单靠母乳不能满足犊牛营养需要的矛盾。同时，为了促进瘤胃发育，在犊牛哺乳期，应用"开食料"和优质青草或干草进行补饲。

犊牛生后 2～3 周开始训练其采食犊牛料，最好是直径 3～4 毫米、长 6～8 毫米的颗粒饲料和优质禾本科、豆科干草。这些饲料在此期间虽不起主要营养作用，但能刺激瘤胃的发育，草料对犊牛胃发育的影响见表 4-2。

表 4-2　草料对犊牛胃发育的影响

饲料	周龄	头数	胃容积/体重（毫升/千克）		胃重/体重（%）		胃黏膜乳头状态（毫米/米²）			
			瘤网胃	瓣皱胃	瘤网胃	瓣皱胃	最大高	平均高	密度	色调
全乳	4	2	42.3	30.2	0.58	0.72	1.6	0.53	601	白色
	8	2	73.3	21.6	0.58	0.63	1.2	0.48	665	白色
乳、料、草	4	2	86.5	58.7	1.04	0.94	2.5	0.79	529	暗褐色
	8	2	101.5	42.7	1.85	1.09	6.2	1.54	245	暗褐色

由表 4-2 可见，喂全乳犊牛 8 周龄的胃容积/体重、胃重/体重及胃黏膜乳头的状态，远不及饲喂乳、料、草犊牛 4 周龄的状态好，特别是胃重和胃黏膜乳头高度。犊牛大约在出生后 20 天即开始出现反刍，并伴有腮腺唾液的分泌。到 7

周龄时，犊牛已形成比较完整的瘤胃微生物区系，具有初步消化粗饲料的能力。如果早期喂给草料，可以加速瘤胃发育。瘤胃微生物区系的繁殖、瘤胃的发酵产物挥发性脂肪酸（VFA），对瘤胃容积和瘤胃黏膜乳头的发育有刺激生长的作用。

3. 由哺乳过渡到采食饲料的技术 犊牛刚出生时瘤胃不具备消化功能，促使犊牛瘤胃发育方法是及早饲喂犊牛料和优质干草。

（1）补料时间。为了促进犊牛瘤胃发育，提倡早期补料。生后第1周可以随母牛舔食精饲料，第2周可试着补些精饲料或开食料、犊牛补饲料，第2周、第3周补给优质干草，自由采食（通常将干草放入草架内，防止采食污草），也可在饲料中加些切碎的多汁饲料，2～3月龄以后可喂秸秆或青贮饲料。

（2）补饲方法。为了节省用乳量，提高犊牛增重效果和减少疾病的发生，补料时在母牛圈外单独设置犊牛补料栏或补料槽，每天补饲1～2次，补饲1次时在下午或黄昏进行，补饲2次时，早、晚各喂1次。为防母牛抢食，补料栏应高1.2米，间隙0.35～0.4米，犊牛能自由进出，母牛被隔离在外。补料期间应同时供给犊牛柔软、质量好的粗饲料，让其自由采食，以后逐步加入胡萝卜（或萝卜）、地瓜、甜菜等多汁饲料。补饲饲料量随犊牛日龄增加而逐步增加，尽可能使犊牛多采食。补饲量见表4-1。

（3）精饲料的补喂方法。初喂时可将精饲料磨成细粉，与食盐等矿物质饲料混合，涂擦犊牛口鼻，教其舔食。喂量由最初的10～20克，增加到数日后的80～100克，一段时间后，再喂混合好的湿拌料。开始时，按1∶10的比例用水做成稀料喂给犊牛，也可在一开始就饲喂湿拌料，将混合精饲料与水按1∶（2.0～2.5）比例配合。

犊牛精饲料要求高能量、易消化、适口性好，能刺激瘤胃迅速发育，蛋白质含量符合犊牛生长需求，原料质量要好，可添加特定添加剂以预防疾病，如寡聚糖、有机硒、必需脂肪酸等；有条件的牛场可将犊牛料制成颗粒状，直径为4～8毫米。不同阶段犊牛料配方见表4-3。

表4-3　不同阶段犊牛料配方（％）

日龄	玉米	麸皮	豆粕	其他杂粕	乳清粉	全（脱）脂乳粉	过瘤胃脂肪	磷酸氢钙	石粉	食盐	维生素、微量元素预混料
15～30日龄	35	10	25	0	10	8	5	3	2	1	1
31日龄至断乳	40	15	26	0	5	5	2	3	2	1	1
断乳后	45	20	15	13	0	0	0	3	2	1	1

（4）补喂干草。从 3 周龄开始，在牛栏的草架内添入优质干草（如豆科青干草等），训练犊牛自由采食，以促进瘤网胃发育，防止犊牛舔食异物。最初每天 10～20 克，2 月龄可达 0.6 千克。夏秋季，有条件时犊牛可随母牛放牧，并逐步增加普通饲料喂量。

（5）补喂多汁饲料。一般犊牛出生后 20 天开始饲喂。在混合精饲料中，加入切碎的胡萝卜或甜菜、幼嫩青草等。最初每天 20～25 克，以后逐渐增加，到 2 月龄时可增加到 1～1.5 千克，3 月龄为 2～3 千克。

（6）饲喂青贮饲料。由 2 月龄开始饲喂，最初每天 100～150 克，3 月龄时可增加到 1.5～2.0 千克。

三、犊牛哺乳期的管理

犊牛哺乳期的生长发育直接关系到以后的增重，因此必须加强哺乳期犊牛管理，使犊牛 4～5 月龄断乳体重达到 135～155 千克，即哺乳期平均日增重应在 500～600 克。为检查饲养效果，每月应称重 1 次，达不到日增重要求时应及时采取补饲措施。必须强调的是，如果犊牛期尤其是 4 月龄内生长发育不良，后期生长中将无法弥补。

1. 哺乳期的适宜环境 犊牛哺乳期牛舍的基本条件：

（1）犊牛哺乳期或随母牛混养或单圈饲养（有条件的可建犊牛圈或犊牛岛）或小群饲养（如 3～5 头小圈饲养），每头犊牛需要 3～4 米^2 运动场，使犊牛在圈内可做适当运动，以弥补户外运动的不足，哺乳（喂乳）时仍采用单桶饲喂或随母哺乳。

（2）舍内温度为 10～20℃，相对湿度为 70%～80%，保持干燥清洁。

（3）舍内光照充足，采光系数 1：（10～12），冬季阳光能直射在牛床上。

（4）备有充足而干燥的垫草，一次性的厚垫草以稻壳最好。

（5）具有充足而清洁的饮水。舍内设饮水槽，供给充足饮水，每天清洗 1 次，以保证饮水清洁。可在饮水槽附近设盐砖，供犊牛自由舔食。

（6）舍内通风换气良好。空气流速，冬季 0.1 米/秒，夏季 0.2 米/秒，无贼风。搞好犊牛舍内空气卫生工作，以防肺炎发生。犊牛 3～8 周龄时容易发生肺炎，对犊牛健康造成严重威胁，死亡率也高。空气中病原菌及有害气体的浓度超过了犊牛本身依靠呼吸道黏膜上皮的机械保护作用和机体所产生抗体的生物免疫作用的限度会导致肺炎，是机体内平衡作用丧失的结果，因此搞好犊牛及其舍内空气卫生工作，对预防犊牛肺炎是非常必要的。

2. 哺乳卫生 犊牛出生后1周内，宜用哺乳器喂乳，3周龄后可用奶桶哺喂。每次使用哺乳用具后，都要及时清洗、消毒，饲槽也应刷洗干净，定期消毒。每次喂完乳，要用干净的毛巾将犊牛口、鼻周围残留的乳汁擦干，防止互相乱舔而造成"舔癖"。舔癖的危害很大，常使被舔的犊牛患脐带炎或睾丸炎，甚至影响其生长发育。同时，有这种舔癖的犊牛，容易舔吃牛毛，久而久之在瘤胃中形成许多扁圆形的毛球，往往堵塞食道、贲门或幽门而致犊牛死亡。

3. 运动 运动能增强犊牛体质，增进健康。犊牛出生7～10天后，可随母牛牵至室外或运动场内自由运动0.5小时，以后逐渐增加到2～4小时。每天分上、下午各进行1次，但应注意防寒、防暑。舍饲条件下，犊牛可在运动场进行自由运动。但下雨或冬季寒冷时，不要让犊牛躺卧在潮湿或冰冷的地面上。夏季必须遮阳。运动场要设草架和水槽，供给充足清洁的饮水，任其自由饮用；设盐槽或盐砖，供其自由舔食。

4. 去角 对于将来育肥用的犊牛，去角更有利于管理，以减少顶撞造成的外伤。

5. 刷拭与皮肤卫生 用软毛刷每天轻轻刷拭犊牛皮肤1～2次，可促进皮肤的血液循环和呼吸，利于皮肤的新陈代谢，保持皮肤清洁，使犊牛养成驯良的性格，防止体表寄生虫寄生，有利于犊牛生长发育。刷拭时使用毛刷逆毛去顺毛归，从前到后，从上到下，从左到右，刷遍全身。禁用铁篦子直接挠，以免刮伤皮肤。若粪黏住皮毛，要用水润湿，软化后刮除。

6. 预防接种 结合当地牛疫病流行情况，有选择地进行疾病疫苗的接种，如口蹄疫、魏氏梭菌、气肿疽、布鲁氏菌、结核病等。

7. 犊牛栏（舍或圈）的管理 犊牛出生后，应及时将其放进保育栏，每栏一犊，隔离管理。出产房后，可转到犊牛栏中，集中管理，每栏可容纳4～5头。栏内要保持清洁干燥，并铺以干燥垫草，做到勤打扫、勤更换。犊牛舍内地面、围栏墙壁应清洁干燥，并定期消毒。舍内应有适当的通风装置，保持阳光充足，通风良好，空气新鲜。夏防暑，冬防寒。

8. 健康观察 平时对犊牛进行仔细观察，可及早发现犊牛异常，及时进行适当的处理，提高犊牛育成率。观察的内容包括：①观察每头犊牛的被毛和眼神；②每天2次观察犊牛的食欲以及粪便情况；③注意有无体内外寄生虫；④注意是否有咳嗽或气喘；⑤留意犊牛体温变化，正常犊牛的体温为38.5～39.2℃，当体温高达40.5℃以上即属异常；⑥检查干草、水、盐以及添加剂的供应情况；⑦检查饲料是否清洁卫生；⑧通过体重和体尺测量检查犊牛生长发育情况；⑨发现病犊应及时进行隔离，并要求每天观察 4 次。

9. 调教管理 管理人员必须用温和的态度对待犊牛，经常接近它，抚摸它，刷洗牛体，使其养成驯良的性格。

10. 犊牛断乳 犊牛断乳是提高母牛生产性能的重要环节。犊牛一般经过 4～6 个月的哺乳和采食补料训练后，生长发育所需的营养已基本得到满足，可以断乳。断乳时体重超过 100 千克以上，其消化机能已健全，能够利用一定的精饲料及粗饲料，一般能采食 1.5 千克精饲料。断乳时可逐渐断乳，将母仔分开。具体方法是：首先，将母牛和犊牛分离到各自牛舍，减少日哺乳次数，最初可隔 1 日，然后隔 2 日哺一次母乳，直至彻底断乳（完全离乳）。其次，应逐渐增加精饲料的饲喂量，使犊牛在断乳期间有较好的过渡，不影响其正常的生长发育。断乳后保持原来饲养方案并加强营养，日喂精饲料 1.5～2.0 千克，优质的青、干草任意采食。

四、早期断乳犊牛培育技术

在肉用犊牛培育过程中，可采用早期断乳方式。早期断乳可降低犊牛培育成本和死亡率，促进消化器官的迅速发育，降低消化道疾病的发病率。一般情况下，60～90 日龄的犊牛日采食精饲料量达到 1.2～1.5 千克时，即可断乳。犊牛早期断乳能否成功，关键是是否能提早补饲给犊牛营养丰富的全价代乳料和犊牛料。早期断乳后，可将公牛犊肉用育肥，提高资源利用率；对母犊进行早期培育，提高其育成率。同时，早期断乳可促使母牛尽快恢复体况，提早发情配种，是提高母牛繁殖率的重要措施。经过早期断乳和补料的犊牛断乳后进行育肥，周岁体重可达到 420 千克，可当年出栏；而不补料的断乳犊牛育肥，至少在 14～15 月龄时才能达到出栏体重。

1. 采用早期断乳技术对犊牛的影响 犊牛哺乳期饲养管理的目的是实现其从单胃消化转变为复胃消化、从以牛乳营养为主转向以草料营养为主、从以液体为主要食物转变为以固体为主要食物。优化犊牛在哺乳期的两个转化过程、缓解肉牛应激是研究饲养技术的关键点。在传统的断乳方法中，肉牛犊牛出生后一般都是和母牛同圈饲养 6 个月左右才断乳。在这种断乳情况下，断乳中后期母乳已无法满足犊牛生长发育的营养需要，特别是改良杂种犊牛，会导致其瘤胃和消化道发育相对迟缓，生长发育不完全，最终就会影响犊牛断乳后的生长发育。

目前，各地研究单位、养殖场对犊牛采取早期断乳技术的方法大致类似，即对犊牛进行早期断乳、早期补饲，最终完成犊牛早期断乳。研究发现，在早期断乳阶段，使用犊牛代乳料有利于提早锻炼犊牛的消化道，及早增强犊牛适应粗饲料的能力，促使犊牛的消化器官较早发育，从而发挥其生产潜能。试验表明，饲喂代乳料可提高犊牛的免疫力，减少犊牛的腹泻率；犊牛的增重情况与哺乳的犊牛接近；在早期断乳期间及时进行早期补饲，可以促进瘤胃的早期发育。有研究表明，犊牛进食牛乳或乳蛋白源代乳品不利于前胃正常发育，尽管这些组织器官也会生长，但胃壁会变薄而且乳头发育受到抑制，犊牛进食干性饲料，前胃的容积、组织重量、肌肉组织和吸收能力都会出现快速增长和提高。早期补饲的犊牛成年后的瘤胃体积比一般饲养情况下更大，从而为高产或高生长速度奠定良好的基础。应用早期断乳技术培育的犊牛，能给犊牛后期生长、生产性能的发挥带来比较理想的效果。

2. 采用早期断乳技术对母牛的影响　母牛在生产后需要哺乳犊牛，在此期间慢慢恢复体质。采用早期断乳技术使犊牛提早断乳离开母牛，可以让母牛尽快恢复体质，缩短产后发情时间，促进母牛发情和配种，使母牛尽快进入下一个繁殖周期。早期断乳技术不仅能促进犊牛的生长发育，还可以缩短母牛的产犊间隔，提高养殖效益。

3. 犊牛早期断乳方案　犊牛早期断乳方案要根据人工乳和代乳料的生产水平、犊牛饲养管理技术水平及现代化设备条件等方面来拟订。犊牛早期断乳在生产中已经普遍应用，人工乳配合技术不断完善，可在犊牛吃完初乳后采用人工乳完全代替全乳。人工乳是干粉，按说明书使用，1天喂2次，每次用200～250克人工乳粉，加水1.5～2千克溶解后喂给犊牛。如果同时备有优质的犊牛代乳料供其自由采食效果更好。具体方法为：

（1）生后1周内喂给初乳。犊牛应吃其亲生母亲所产的初乳。

（2）从8～35日龄的4周内，将用人工乳1天2次早晚定时饲喂。前2周内喂量200克/天，后2周内250克/天。喂法：将人工乳溶于6倍量的温水（40℃）中混匀饲喂。多采用水桶直接哺喂。

（3）从8日龄至3月龄，除喂人工乳外，同时不断饲喂代乳料和优质干草。犊牛从11日龄开始，除喂人工乳外，也可以饲喂营养全价的代乳料。出生后36日龄停喂人工乳，只给代乳料和干草。哺喂人工乳期间，代乳料的喂量100～200克/天；停喂人工乳后，迅速提高到1 000～3 000克/天。

4. 代乳料的配制及饲喂方法　代乳料，也称开食料，可以促使犊牛由以乳为主的营养向完全采食植物性饲料过渡。开食料要易于消化吸收且又能满足过渡期的营养需要，形态为粉状或颗粒状。

（1）代乳料的配制。代乳料是根据犊牛消化道及其酶的消化规律所配制的，能够满足犊牛营养需要，适用于犊牛早期断乳。其特点是营养全价，富含维生素、微量元素及矿物质等，易消化，适口性好。它的作用是促使犊牛由以吃乳或代乳品为主向完全采食植物性饲料过渡。代乳料中的谷物成分经过碾压粗加工形成粗糙颗粒，可促进瘤胃蠕动。还可在代乳料中加入 5% 左右的糖蜜，以改善其适口性。

从犊牛生后的第 2 周开始提供代乳料，任其自由采食。在低乳量的饲养下，犊牛采食代乳料的量增加很快，1 月龄时采食量可达 0.5～1 千克/天，50～60 日龄以后，采食量可达 1.5 千克/天时，这时便可断乳，并限制代乳料的供给量，向普通配合饲料过渡。

（2）代乳料的饲喂方法。第 10～15 天，每天中午 1 次，每次将 50 克代乳料放入盆（桶）中，加开水 150～200 毫升，冲成稀粥料，降至温度合适后让犊牛自由舔食。如果犊牛不采食代乳料，可用手指取料，往犊牛的口里或嘴边抹，进行强制训饲。第 16～21 天，犊牛采食代乳料，吃得比较干净时，每天喂料增加到 100～200 克。第 22～30 天，犊牛代乳料喂量增加到 400～500 克。购买的代乳粉料，也可用凉水浸泡 30 分钟后，让犊牛自由舔食。颗粒饲料可直接放入槽中或料盆中让犊牛自由采食。购买的代乳粉料或颗粒饲料勿用开水浸泡，以防止料中的营养成分因高温而失效。

五、断乳至 6 月龄母犊牛的饲养管理

断乳至 6 月龄母犊牛的培育目标：①犊牛的日增重平均为 760 克；②犊牛的体重达到 170～180 千克，体高为 95～100 厘米，体长为 100～115 厘米；③犊牛日粮干物质采食量应达到 4～4.5 千克/天；④犊牛混合精饲料喂量 2 千克/天。

1. 断乳至 6 月龄母犊牛的饲养 犊牛断乳后，继续喂代乳料（或犊牛料）到 4 月龄，日喂精饲料量为 1.5～2.0 千克，以减少断乳应激。4 月龄后方可换成育成牛或青年牛精饲料，以确保其正常的生长发育。6 月龄前的犊牛，其日粮中粗饲料的主要功能仅仅是促使瘤胃发育。4～6 月龄的犊牛对粗饲料干物质的消化率远低于谷物，其粗饲料的适口性和品质就显得尤为重要。饲养时可选用商用犊牛生长料加优质豆科干草或豆科禾本科干草混合物，自由饮水。一般犊牛断乳后有 1～2 周日增重较低，且毛色缺乏光泽、消瘦、腹部明显下垂，甚至

有些犊牛行动迟缓，不活泼，这是犊牛的前胃机能和微生物区系正在建立、尚未发育完善的缘故。随着犊牛采食量的增加，上述现象很快就会消失。

2. 断乳至 6 月龄母犊牛的管理 犊牛断乳后，如果牛舍条件较差，犊牛死亡率会升高。这一阶段的犊牛舍要求牛床干燥、空气新鲜、环境清洁，使犊牛感到舒适，以减轻断乳应激。

犊牛断乳后进行小群饲养，将年龄和体重相近的犊牛分为一群，每群10～15头。日粮中应含有足够的精饲料和较高比例的蛋白质，一方面满足犊牛的能量需要，另一方面也为犊牛提供瘤胃上皮组织发育所需的乙酸和丁酸。日粮一般可按 1.8～2.2 千克优质干草、1.8～2.0 千克混合精饲料进行配制。

六、哺乳母牛的饲养管理

1. 哺乳母牛的饲养 哺乳期母牛的主要任务是泌乳。产前 30 天到产后 70天是母牛饲养关键的 100 天，哺乳期的营养对泌乳（关系到犊牛的断乳重、健康、正常发育）、产后发情、配种受胎都很重要。哺乳期母牛的营养需要见附表5。哺乳期母牛的热能、钙磷、蛋白质都较其他生理阶段的母牛有不同程度的增加，日产 7～10 千克乳体重 500 千克的母牛需进食干物质 9～11 千克，可消化养分 5.4～6.0 千克，净能 71～79 兆焦，日粮中粗蛋白质的量为 10%～11%，并应以优质的青绿多汁饲料为主。哺乳母牛日粮营养缺乏时，会导致犊牛生长受阻，易患下痢、肺炎、佝偻病，而且这个时段生长阻滞的补偿生长在以后的营养补偿中表现不佳，同时营养缺乏还会导致母牛产后发情异常，受胎率降低。

分娩 3 个月后，母牛的产奶量逐渐下降，过大的采食量和精饲料的过量供给会导致母牛过肥，也会影响发情和受胎，在犊牛的补饲达到一定程度后应逐渐减少母牛精饲料的喂量，保证蛋白质及微量元素、维生素的供给，并通过加强运动、给足饮水等措施避免产奶量急剧下降。

2. 哺乳母牛的舍饲管理 对舍饲母牛，每天自由活动 3～4 小时，或驱赶1～2 小时，以增强母牛体质，增进食欲，保证正常发情，同时有利于维生素D 的合成。每年修蹄 1～2 次，保持肢蹄姿势正常。每天刷刮牛体一次，梳遍牛体全身，以使牛体清洁，预防传染病，还可增加人牛感情。整个哺乳期都要注意母牛乳房卫生、环境卫生，以防乳房污染引起的犊牛腹泻、母牛乳腺炎的发生。

加强母牛疾病防治，产后注意观察母牛的乳房、食欲、反刍、粪便情况，发现异常情况及时治疗。做好犊牛的断乳工作，断乳前后注意观察母牛是否发情，以便于适时配种。配种后 2 个情期，还应观察母牛是否有返情现象。

3. 哺乳母牛的放牧管理　放牧期间的充足运动和阳光浴以及牧草中所含的丰富营养，均可促进牛体新陈代谢，改善繁殖机能，增强母牛和犊牛体质。

（1）春季放牧。

①春季要在朝阳的山坡或草地放牧，禾本科牧草开始拔节或生长到 10 厘米以上时适宜放牧。

②春季开始采食青草时，每天放牧 2～3 小时，逐渐增加放牧时间，最少要经过 10 天后才能全天放牧。

③放牧后适当补饲干草或秸秆 2～4 千克，有条件的牛场夜晚应任其自由采食。

④哺乳前 3 个月的牛，每天补充精饲料 0.2～0.8 千克，未足 5 周岁及瘦弱空怀母牛，每天补料 0.5～1.0 千克。

（2）夏季放牧。夏季可于离牛舍较远处放牧。为减少行走消耗的养分，可建临时牛舍，以便就地休息。炎热时，白天在阴凉处放牧，早晚于向阳处放牧，最好采用夜牧或全天放牧。

（3）秋季放牧。秋季夜晚气温下降快，常低于牛的适宜温度，此时要停止夜牧，充分利用白天放牧，抓好秋膘（图 4-3）。

图 4-3　放牧

（4）冬季放牧。北方冬季寒冷，采食困难，应改放牧为舍饲，可充分利用青贮饲料、秸秆、干草等喂牛，精饲料要按营养需要配制，以使肉牛冬季不掉膘。

若冬季必须放牧时，也要在较暖的阳坡、平地、谷地放牧，要晚些出牧，早些回舍，晚间补喂些秸秆。每头牛每天应喂 0.5～1 千克胡萝卜或 0.5 千克苜蓿干草，或 2 千克优质干草，也可按每头牛每天在日粮中加入 1 万～2 万 IU 维生素 A，哺乳母牛增加 0.5～1 倍。枯草和秸秆缺乏能量和蛋白质，所以应喂含蛋白质和热能较多的草料。放牧回来不能马上补饲，待母牛休息 3～5 小时后再补饲。

4. 放牧的注意事项

（1）做好放牧前的准备工作，放牧前要给母牛驱虫，以免将虫带入牧地。一般可用丙硫苯咪唑或伊维菌素驱虫，也可用敌百虫、碘硝酚注射液等驱虫。

（2）放牧地离圈舍、水源要近，最好不要超过 3 千米。安排好水源，母牛每天至少饮水 2 次，天气炎热时增加饮水次数。

（3）夏季放牧时，青草是主要饲料，因此必须补充盐，方法是搭一简易的棚子，放上食盐舔块，让母牛自由舔食。由于牧草中可能含磷不足，因此在给盐时最好补充一些磷酸钾或投放矿盐。若是幼嫩的草地，易出现母牛采食粗纤维不足的现象，此时可在牧区设置草架，补充一些稻草。

（4）舍饲情况下，应以青粗饲料为主，适当搭配精饲料饲喂，粗饲料如以玉米秸为主，由于蛋白质含量低，可搭配 1/3～1/2 优质豆科牧草，再补饲饼粕类，也可用尿素代替部分饲料蛋白，比例可占日粮的 0.5%～1%。粗饲料若以麦秸为主，除搭配豆科牧草外，另需补加混合精饲料 1 千克左右。妊娠牛禁喂棉籽饼、菜籽饼、酒糟以及冰冻的饲料，饮水温度要求不低于 10℃。

七、犊牛腹泻病的防治

1. 犊牛的胃肠生理特点与肠道菌群

（1）胃肠 pH 和酶环境。新生犊牛的皱胃容积为 1.0～1.5 升，pH 为中性，不能分泌盐酸和胃蛋白酶、凝乳酶等。新生犊牛第 1 次吃初乳时，初乳在皱胃不能凝固，而是直接进入肠道，这个过程有助于初乳中的免疫蛋白分子在整个肠上皮被吸收。之后，胃中的肾素可使进入皱胃的牛乳发生凝固（皱胃 pH 为 6.5），过程只需数分钟。乳凝块收缩，析出乳清蛋白（白蛋白和球蛋白）、矿物质、乳糖等。出生 2～3 天，皱胃黏膜上皮细胞数量增加，开始分泌盐酸，皱胃 pH 下降。出生 4～5 天，皱胃 pH 可达 4.5，酸性环境可促使皱胃黏膜上皮分泌凝乳酶和胃蛋白酶原，并使胃蛋白酶原转化为胃蛋白酶，起到凝乳和消化乳蛋白的作用。胃蛋白酶在 pH5.2 时消化能力最强，这时空的皱胃的 pH 会下降到 2.0。出生 5～7 天，胃肠消化酶系统完全建立，胰蛋白酶、胰脂肪酶、乳糖酶、淀粉酶等均已活化并发挥作用。皱胃 pH 随进食牛乳的量、温度、停留时间等发生变化，皱胃 pH4.2 以下时具有杀菌功能。

（2）胃肠道菌群。刚落地的犊牛肠道处于无菌状态，自犊牛出生开始吃初乳，环境中的细菌均有机会进入犊牛消化道，但能定植并成为优势菌群的是大肠杆菌属、乳酸杆菌属、肠粪球菌属、芽孢菌属等。进入胃肠道的细菌部分被初乳中的抗体中和，部分为 pH 不断下降的皱胃环境所杀灭，能生存下来定植的成为肠道常在菌。在犊牛 3 日龄前或各种引起皱胃环境 pH 上升的因素（过食、凝乳不良、乳温过低、代乳品搅拌不均等），均会造成肠道细菌的过度增殖，引发犊牛腹泻。肠道内的常在菌也处于动态平衡中。犊牛出生 2 周后，瘤胃开始发育，早期进入胃肠道的微生物部分先在瘤胃内增殖发酵，瘤胃逐步形成厌氧环境，随犊牛采食干草和接触成牛反刍食团而进入瘤胃的微生物群也在其中定植，之前进入瘤胃的早期菌群（大肠杆菌等）被清除。瘤胃正常栖息微生物有细菌、真菌、古菌、原虫四大类。细菌有瘤胃球菌、瘤胃拟杆菌、单胞菌甲烷杆菌属等 30 余种，均为无芽孢的厌氧菌，主要分解纤维素、果胶淀粉等，给机体提供维生素、脂肪酸和菌体蛋白。原虫为纤毛虫，主要分解纤维素。

（3）食道沟。食道沟是瘤胃背囊前壁的一个肌层组织，平时舒展开放，在犊牛吸吮乳头进食时，有力的肌层组织会反射性地收缩成一个管道结构，前接食道后端，后通入皱胃。在犊牛出生后的管理中，培养犊牛的吸吮条件反射很重要，与吸吮和进食有关的视觉、听觉刺激均会使食道沟关闭。无论是出生早期还是瘤胃已经开始发育，犊牛均需要全乳提供营养，以满足其快速生长的营养需求，但乳汁不能漏入瘤胃，因为瘤胃不能利用乳汁，进入瘤胃的乳汁会发生异常发酵，造成瘤胃臌气。因此，在犊牛的饲养管理中必须建立标准的或一以贯之的制度，做到定时、定量、定温（三定）和程式化的食物准备程序，让犊牛愉快地感受到食物即将到来并产生期待，尽早关闭食道沟，分泌消化酶。吃得太猛或太快都可能引起乳汁溢入瘤胃。

2. 犊牛腹泻的发病机理　腹泻是指动物在一定时间内排出粪便的数量（总量）增多、排泄的次数增加、粪的形状发生改变。

消化道是一个有大量液体存在并流动的系统，80％的液体来自消化道的分泌，20％来自饮食摄入。正常情况下，消化道液体 95％的水分被消化道吸收，液体的分泌与吸收保持动态平衡，平衡被打破即会造成腹泻，打破平衡的机制即为腹泻的发病机制，有以下几种：

（1）分泌增加。致病微生物或其分泌的毒素等破坏肠绒毛上皮，使之脱落，形成创面（漏出组织液），损伤的肠上皮新生细胞分泌功能旺盛，毒素还可以改变细胞膜的酶结构，引起肠上皮细胞对钠离子的吸收减少，对氯离子和水的释放量增加，造成肠内容物增加、变稀。可能的致病因素有细菌、毒素、体液神经因子、免疫炎性介质、误食去污剂（胆盐、长链脂肪酸）、通便药（蓖麻油、芦荟、番泻叶）等。

（2）吸收减少。致病因子造成肠壁发生形态学改变，或肠黏膜发育障碍，或吸收面积减少，或吸收功能减弱或吸收能力降低，有些毒素（大肠杆菌分泌的耐热或不耐热肠毒素）还可以阻断水分的吸收。可能的致病因子有先天性吸收不良、手术切断肠管、毒素引起的肠黏膜充血水肿、肠道损伤后的瘢痕等。

（3）渗出增加。致病因子造成肠壁上皮细胞损伤（肠绒毛坏死、脱落、变短），通透性增加，组织静水压造成液体在肠上皮细胞间渗漏，水、血浆及血细胞等血液成分从毛细血管中渗出，引起肠内容物增加。

（4）渗透压增加。致病因子或毒素破坏成熟的肠上皮细胞，造成半乳糖酶的缺乏，加之过小的犊牛结肠中的微生物群尚未完全建立，不能酵解乳糖和半乳糖，使得牛乳中的乳糖分解成的半乳糖不能进一步被酵解，肠内容物的渗透压升高，从而潴留水分。另外，过食性瘤胃酸中毒也会引起肠内容物渗透压增加。某些药物就是利用增加渗透压来治疗便秘的，如硫酸镁、硫酸钠、甘露醇等。

（5）肠蠕动增加。刺激性食物、肠内容物增多、炎症分泌物等刺激，都会引起肠道反射性蠕动增加，缩短肠内容物在肠道的停留时间，减少肠内容物与肠绒毛的接触时间，影响食糜的吸收。某些药物就是根据该原理增加胃肠动力的，如西沙必利、吗丁啉、四磨汤等。

腹泻有时并非单一机理造成的，可能会是多因子综合作用的结果。例如，致病性大肠杆菌引起的腹泻，细菌黏附破坏肠绒毛上皮细胞，分泌细胞毒素，造成绒毛完整性被破坏、体液及血液漏出、渗出，吸收不良，肠道食糜不能充分吸收而引起肠内容物渗透压增加，潴留水分，肠隐窝上皮在绒毛上皮被破坏后快速生长，新生的细胞又具有较强的分泌能力，综合作用的结果即是腹泻。

3. 犊牛腹泻的致病因子

（1）病毒。主要是轮状病毒、冠状病毒、病毒性腹泻病毒。

①轮状病毒。犊牛轮状病毒感染高峰日龄是 10～14 日龄，潜伏期为 15 小时至 5 天不等，发病第 2 天开始排毒，病毒可以长期存在于污染物中，传播途径是粪-口传播。

病理：病毒吸附在肠绒毛顶端表面，破坏成熟的肠上皮细胞，使细胞变性脱落，肠绒毛发育障碍，肠隐窝上皮细胞（方形）快速生长以替代肠绒毛顶端的柱状细胞。这些新生的细胞分泌能力强，被破坏的肠绒毛吸收能力不佳，引起消化不良，肠内容物渗透压增加，出现腹泻。病变从空肠一直蔓延到回肠。

临床症状：感染早期，病犊牛精神轻度沉郁，流涎，不愿站立和吸吮，腹泻，粪呈灰黄色到白色酸乳状，通常不会有血，直肠温度正常。随着病程延长，会出现脱水（眼球下陷、皮肤干燥且弹性降低等），虚弱，卧地，体温下降，四肢末端发凉，如此时不及时救治，病犊牛可能会在 72 小时内死亡。疾病的严重程度和死亡率受多种因素影响，如免疫水平、病毒类型、病毒感染量、是否存在应激等，单一的轮状病毒感染可自行痊愈，少有症状严重者。

诊断：由于该病没有特征性的临床表现，要确诊需进行病毒分离或 PCR 法检测抗原，阳性即可确诊。

防治：没有特异性治疗方法。根据该病的病理进程，严重病例可予以输液等支持疗法，平衡机体水、电解质、酸碱度，增加营养等。该病会引起消化吸收不良，口服补液的作用不佳，可禁食 24 小时以保护肠黏膜。对于该病的防治应该是提高母牛的免疫水平，以此提高初乳中的中和抗体，哺乳犊牛获得高水平的循环抗体和肠道黏膜局部免疫保护。

②冠状病毒。冠状病毒感染高峰日龄是 7～21 日龄，潜伏期 20～30 小时，传播途径是粪-口传播。

病理和临床症状：同轮状病毒，不同的是冠状病毒感染时大肠黏膜也受损伤，严重的病变在回肠、盲肠、结肠，所以腹泻更为严重，粪更稀。该病原也是牛冬痢的主要病原体。

诊断：要分离到病毒或 PCR 检测阳性才可以确诊。

防治：同轮状病毒。

③病毒性腹泻病毒。病毒性腹泻病毒可以引起犊牛的病毒性腹泻和黏膜病，病毒可以突破胎盘屏障感染胎儿。病毒有两种明显不同的生物型，即在细胞培养物中，根据是否引起细胞病变可分为细胞病变型（CP - BVDV）和非细胞病变型（NCP - BVDV），每个型还有多个不同的毒株，而且不能交叉保护。在牛感染恢复期会发生交叉感染，可使牛急性感染和持续感染，有些毒株

可以发生变异，在两个型间转换。临床病型多样，但在一个牛群中一般不出现多种临床症状，只出现一组特征性症状。非细胞病变型病毒是主要致病型，在黏膜性疾病的自然发病病例中常有细胞病变型病毒被分离出来，这是因为在非细胞病变型病毒感染后，机体抗体水平降低且体质差时又感染了细胞病变型病毒。病毒性腹泻病毒感染引起的慢性疾病称为黏膜病。持续性感染的牛是危险的传染源，对同源毒株具有免疫耐受性，对异源毒株敏感，感染会发生严重的病毒病。病毒以溶胶小滴的形式存在于牛鼻咽分泌物、尿、粪、精液中。犊牛后天感染发病温和或无症状，但妊娠牛的感染会使情况变得复杂。

a. 妊娠初期母牛感染病毒，胚胎会死亡，母牛会不孕，但母牛产生抗体后妊娠率正常。生产中要确保精液里不存在非细胞病变型病毒。

b. 妊娠40～125天母牛感染非细胞病变型病毒，胎牛会感染，但不会产生抗体。如果母牛是持续性感染，则胎牛出生后也是持续性感染，后果有以下几种：出生时正常，成年后仍正常，但持续排毒；出生时外表正常，但1岁之内死亡（可能由其他病致死）；出生时体弱或死亡。

c. 妊娠90～180天母牛感染非细胞病变型病毒，胎牛会发生先天性异常，如小脑发育不全、白内障、视网膜变性、短颌、积水性无脑等（一般一个牛群只出现一种或两种，且在一段时间基本相同）。

d. 妊娠180天以上母牛感染非细胞病变型病毒，有的胎牛可以产生循环抗体，有的会发生流产，所产胎牛带有初乳前抗体的，不引起持续性感染。

临床症状：无论犊牛还是成牛，均以发热（40.5～42.0℃）和腹泻为主要症状，发热与沉郁一般出现在腹泻前2～7天，且表现双相热，第二次发热后会出现腹泻、消化道糜烂、流涎、磨牙、厌食，因发热而呼吸急促，消化道糜烂部位包括鼻镜、口腔（硬腭或软腭）、口角的乳头、门齿的齿龈、舌腹面等。有的牛有趾部皮肤损伤。严重的病例会因血小板减少而出血（便血），严重腹泻会引起脱水、体液电解质和酸碱失衡、蛋白丢失，甚至并发其他感染而死亡。

持续性感染：牛一直存在病毒血症，但抗体水平低甚至没有抗体。持续性感染牛，如感染异源性毒株可能会发生致死性（急性）和黏膜性（慢性）疾病，或可以产生抗体。持续性感染牛会因为细胞免疫机能下降而感染其他病原（大肠杆菌、沙门氏菌、轮状病毒、冠状病毒、球虫、巴氏杆菌、鼻气管炎病毒、合孢病毒等）从而表现出相应疾病。通常情况下，当疾病的严重程度、发病率、死亡率超过了病原体引发的疾病的状况，且使用敏感药物（抗生素等）

治疗没有收到相应的临床效果，同时又发现有黏膜损伤，应该怀疑为病毒性腹泻病毒感染。

黏膜性疾病：一般发生在 6～18 月龄的青年牛，有发热、腹泻、口鼻糜烂史，体重减轻，尸检时可见口腔、食管、皱胃、小肠的集合淋巴结、结肠出现卵圆形糜烂灶或浅表的溃疡灶，食管、皱胃、小肠黏膜上皮水肿、红斑。

诊断：一群牛在同一段时间出现固定形式的先天异常，或 6～18 月龄的青年牛出现消化道糜烂症状，或批量犊牛出现生长不良，或治疗效果不佳的普通病（肺炎、癣病、红眼病、顽固性腹泻等）持续出现，此时应寻求专业兽医或科研院所的帮助，进行实验室诊断，采集病牛的全血、鼻咽拭子、粪便、肠淋巴结、肺组织等进行细菌培养和 PCR 检测，以便寻找病原，进行准确诊断和鉴别诊断。

防治：没有特异的治疗方法，一般采用对症治疗，但不建议太多地投入治疗，对有该病流行的牛场进行检测、淘汰、净化。

检测：对可疑牛群进行抗原与抗体检测。对抗原抗体均为阳性的急性发病牛只，隔 6 周再检测 1 次，抗原阳性的牛只淘汰；抗原阳性、抗体阴性的持续感染牛只淘汰；对抗原抗体均为阴性的牛只，隔 6 周再检测 1 次，双阴性或抗原阴性、抗体滴度大于 1：64 的牛只可以留用。

免疫接种：检测合格的牛只，可以免疫接种。免疫接种方法按照产品说明书操作。基础免疫接种完成后 2 周要进行抗体检测，抗体阴性或抗体滴度小于 1：64 的牛只淘汰。

（2）细菌。主要有大肠杆菌、沙门氏菌。

①大肠杆菌。大肠杆菌是牛肠道的正常栖息菌，也是条件致病菌，是致新生犊牛死亡的主要病原菌，已经确定有 3 类大肠杆菌可以引起犊牛腹泻，即败血型大肠杆菌、产肠毒素型大肠杆菌、其他致病型大肠杆菌。各型间没有交叉保护。由于管理不严格、卫生条件差，导致犊牛接触大量大肠杆菌，初乳中免疫球蛋白含量低或吸收不良，大肠杆菌在肠中异常大量增殖会导致大肠杆菌病。或者由于饲养密度过大、断脐不消毒、应激（气温突变、长途运输等）、感染其他病原体（牛传染性鼻气管炎病毒、病毒性腹泻病毒、轮状病毒、冠状病毒、球虫等）造成牛只抵抗力下降，继发大肠杆菌病。致病大肠杆菌在有利于其快速增殖的环境中，黏附在肠黏膜的绒毛上，快速增殖，或损伤黏膜进入血液循环引起败血症，或分泌肠毒素引发内毒素中毒，或产生细胞毒素造成痢疾和血便。

a. 败血型大肠杆菌病。发病高峰日龄为 1～14 天，出生 24 小时即可出现症状，口腔与鼻分泌物、尿、粪等会排出大量病原菌，污染环境，造成疾病的传播。传播途径为粪-口传播。

症状：急性型病例表现沉郁、虚弱、无力、脱水、心动过速、吸吮反射严重下降，甚至消失，黏膜高度充血，部分病例出现眼角膜结膜水肿甚至出血，脐带水肿，脑膜炎症状。亚急性型病例表现发热、脐带水肿、关节肿胀、葡萄膜炎。慢性型病例出现虚弱无力、消瘦、关节痛等症状，所有病例均有酸中毒的表现。最急性型病例有休克、酸中毒现象发生，腹泻症状出现比较晚。

诊断：可根据发病时间与数量、犊牛的临床症状、近期的管理情况做出诊断。确诊需要实验室进行病原分离，可采集犊牛全血、关节液或脑脊髓液作为样本。

治疗：最急性型和急性型病例一般治疗不成功。出现症状但没有休克的病例可以从以下3个方面进行救治，还可参考犊牛腹泻的治疗原则。支持疗法，静脉输注平衡液体，以纠正电解质和酸碱失衡，补充水和能量；抗生素疗法，选择敏感且具有强杀菌力的抗生素，静脉输注；抗休克。

预防：加强干乳期、围产期母牛及新生犊牛的管理。

母牛干乳时间一般为40～90天。干乳期母牛要检测隐性乳腺炎，进行乳房保健，以防止乳房漏乳，保持环境干燥，定期消毒，保障优质初乳生产。

围产期母牛要饲养在良好的环境中，对乳房漏乳的牛要登记，不能用这些母牛的初乳饲喂犊牛。产房要清洁干燥，以免母牛身体和乳房受到粪便的污染，室温要适宜。

人工喂养的犊牛要及时吃到适温（夏天37.5～38.5℃，冬天38.5～39.5℃，饲养人员要备有温度计，力求乳温准确，不能以手试温）初乳，出生12小时内要获得4千克初乳，可以分2次喂食，第1次越早越好，提倡出生8小时内喂完第2次。因为出生8小时之后，空肠吸收上皮即关闭了对球蛋白的吸收功能，但之后初乳球蛋白可以封闭大肠杆菌在肠黏膜的连接位点，阻止大肠杆菌的黏附，起到局部保护的作用。新生犊牛不能群养，应该在有干净垫草的、彻底消毒的、温暖的清洁环境中，特别是冬天。现在还有一种做法可供企业参考，即平时冻存高质量的初乳，用时以45～50℃的水解冻，在犊牛出生后的2小时、12小时分别用胃管灌服2千克的38.5℃的解冻初乳。

b. 产肠毒素型大肠杆菌。产肠毒素型大肠杆菌即含有菌毛抗原F5、F4（也就是以前教材上的K88、K99）的大肠杆菌。发病高峰日龄为1～7日龄，犊牛出生后48小时内对此类大肠杆菌最为敏感。有其他肠道致病病原（轮状病毒、冠状病毒、球虫等）存在时，14～21日龄犊牛仍可感染产肠毒素型大肠杆菌。

临床症状：最急性型表现为腹泻、脱水，感染4～12小时即可发生休克，大便水样，白色或黄色或绿色，全身症状比腹泻更严重。急性型发病时，以前吸吮正常的犊牛突然吸吮反射降低或消失，无力，脱水，可视黏膜干、凉、黏，有些牛不表现腹泻，但有严重的腹胀，右下腹部有大量液体（肠内积液），心律失常，心率快（酸中毒、高钾血症），体温正常或降低。如果是高毒力的菌株感染，群体发病率可达70%以上。轻型病例可能不会引起饲养人员的注意，病犊牛排软便或水便，能吸吮牛乳，可自愈。

诊断：根据发病日龄和临床表现可做出初步诊断，输液治疗对这类病牛的疗效比对败血型大肠杆菌的明显，因为这种病的主要病理是内毒素和酸中毒、脱水、低血糖、高钾血症，主要属于分泌型腹泻。分离细菌是最好的确诊方法，样本最好是空肠内容物，肠系膜淋巴结及其他组织不能分离出细菌，以此区别于败血型大肠杆菌。

治疗：原则是增加循环血量，纠正低血糖、电解质和酸碱失衡，抗休克。根据病牛体重和脱水程度计算每天的补液量。一般按每千克体重40～60毫升，补充5%碳酸氢钠150～250毫升。还可参考犊牛腹泻的治疗原则。对有吸吮能力的病犊牛不建议输液，口服补液即可，液体类型与所输液体相似（有专门的口服补液盐商品），食物和补液盐碱化很重要。每天4～6升平衡液，加入碳酸氢钠10～15克。操作方法：先控食1天，只给平衡液体，然后把一天的牛乳量分3～4次饲喂，在两次喂乳之间喂平衡液体，坚持3～5天。碳酸氢钠也可以加在乳中。

预防：同败血型大肠杆菌病。

c. 其他致病性大肠杆菌。此类大肠杆菌感染不能引起败血性和肠毒素中毒，但细菌黏附于肠黏膜产生细胞毒素，侵害的肠黏膜的范围可以扩展到小肠末端、盲肠、结肠，能引起痢疾、消化不良、蛋白流失，有的病例出现便血和里急后重。2日龄到4月龄的犊牛均可发病，发病高峰日龄为4～28日龄，引起痢疾的产志贺氏菌样毒素的O157、H7即属于此类病原。

治疗：可参考犊牛腹泻的治疗原则。

②沙门氏菌。沙门氏菌可以引起犊牛从最急性型败血症到隐性感染等不同程度的病理变化，是各年龄段牛腹泻的主要病原体。以菌体抗原分类，沙门氏菌分为A、B、C、D、E等型，对牛致病的是B、C、E型，传播途径为粪-口传染。感染沙门氏菌会损伤小肠后段、盲肠、结肠黏膜，导致消化吸收不良，蛋白丢失、体液损失，属于分泌性和消化不良性腹泻。有些沙门氏菌（都柏林沙

门氏菌，4～8周龄犊牛易感）还可以引起呼吸道症状，且病牛的多种分泌物带菌，如口鼻分泌物、乳汁等。应激、运输、高温、低温、环境卫生不佳或有其他疾病存在造成牛只抵抗力下降时易感染沙门氏菌，多发于2周龄至2月龄的犊牛。

症状：发热、腹泻是犊牛沙门氏菌病的主要症状，粪中带有黏液和血液，颜色不一致，腐臭味，有时有水样便。新生犊牛感染后死亡率比较高，最急性型的病例在症状出现之前即死亡，急性型病例也有较高的死亡率，慢性感染会引起病犊牛间歇性腹泻（永久性肠黏膜损伤）、消瘦、低蛋白血症、生长不良，通过多种分泌物向外排毒，有的病例排毒可长达3～6个月。

诊断：最有效的确诊方法是分离细菌，在依据病史调查和临床症状观察做出初步诊断的基础上，采集粪便、肠内容物及肠系膜淋巴结送检。大肠杆菌和沙门氏菌均易致犊牛感染，而且症状相似，但大肠杆菌更易感染3周龄内的犊牛，沙门氏菌感染的范围会更大一些，有时也有混合感染。在对病死犊牛进行剖检时，患沙门氏菌病的犊牛小肠末端和结肠黏膜上有散在的纤维性坏死膜。

治疗：可参考犊牛腹泻的治疗原则。

预防：避免拥挤和暴力转群；隔离病犊牛，减少粪便污染环境，淘汰带菌犊牛；清扫和消毒畜舍；犊牛与成牛不混养，犊牛不群养，做好干乳期对母牛的筛查和保健工作；饲养人员不能串岗；注意公共卫生，接触过病犊牛的饲养人员和兽医的工作服、鞋、手套都要仔细消毒。

（3）寄生虫。犊牛感染比较多的寄生虫是细微隐孢子虫，是人兽共患病原。细微隐孢子虫有3个特点：粪中的卵囊可直接感染新宿主；无宿主特异性，在包括人在内的哺乳动物间传播；抗药性比较强。

在牛群中，该寄生虫主要感染1～2周龄的犊牛，感染高峰为11日龄，与轮状病毒的感染时间相重叠，潜伏期2～5天，单独感染腹泻可持续2～14天，有的呈间断性腹泻。被寄生虫污染的牛场中3周龄以下的犊牛发病率可达50%，混合感染较多，初乳抗体不能通过体液机制和局部机制防止该病的发生，但免疫状况良好的犊牛有自限性。

病理：感染导致肠上皮细胞微绒毛萎缩、融合、隐窝炎，引起分泌性和吸收不良性腹泻。

症状：病犊牛沉郁、厌食、脱水、腹泻，排混有黏液的水样绿色粪，有的粪中有血，里急后重。慢性型病犊牛消瘦，通常体温正常。

诊断：新鲜粪涂片镜检，检出虫卵即可确诊。

治疗：对脱水、电解质失衡的病犊牛治疗可参考犊牛腹泻的治疗原则。对有吸吮能力的病犊牛正常饲喂，外加一些口服补液盐和葡萄糖。对慢性型病犊牛要加强营养，特别是能量物质，冬天要注意保暖。

治疗药物有拉沙里菌素、妥曲珠利、地克珠利，螺旋霉素也有一定的治疗效果。

环境卫生：细微隐孢子虫喜凉爽潮湿的环境，对 50℃ 以上的环境敏感。因此，围产母牛和新生犊牛的生活环境务必保持干净、干燥，疑受污染的环境要彻底清扫，用 50℃ 以上的蒸汽消毒。

（4）消化不良。牛场发生腹泻的犊牛很大一部分是由于管理不善引起的。

①做不到三定（定时、定量、定温），特别是量不定、饲喂时间随意、乳温不稳定等，易引起犊牛消化不良。

②饲养密度大，犊牛得不到很好的休息，造成其抵抗力下降。

③冬天环境温度太低，没有垫草或湿垫草不及时更换，引起应激。

④粪便清理不及时，环境卫生差，特别是潮湿、应激，增加了犊牛感染有害微生物的风险。

⑤长途运输，使犊牛处于应激状态，抵抗力下降。

这类腹泻的犊牛精神状态较好、食欲正常、反应敏捷、喜欢跑动玩耍。粪一般呈黄色或深色糊状，后躯黏的粪便较少。犊牛无须治疗，从以上几个方面改进即可，一般条件改善后 1～2 天就会恢复正常。但有些犊牛由于应激造成的抵抗力下降可能会患其他疾病，要密切注意腹泻犊牛的病情发展趋势。

（5）混合感染。单一病原引起的犊牛腹泻或单个牛场只存在单一病原体的情况已经不存在，单个个体或牛场均存在 2 种以上的病原体。普遍存在的病原体为轮状病毒、冠状病毒、大肠杆菌、隐孢子虫等，并发继发并存，主次不易分清，引起的肠道损伤可能会有叠加、积累或协同作用，损伤面积会波及整个肠道，使得病情严重而复杂。从检测的 40 多份健康犊牛的粪便结果分析，轮状病毒、隐孢子虫检出率较高，哺乳的肉牛犊牛群比奶牛犊牛群普遍；冠状病毒检出少，即犊牛腹泻时才可以排出冠状病毒。大量统计数据显示，腹泻性疾病占牛群所发疾病的比例约为 50%。在腹泻病例中，大肠杆菌引发的腹泻约占生物致病因子引发的腹泻的 31%，轮状病毒约占 24%，沙门氏菌和病毒性腹泻病毒分别占 16%，隐孢子虫占 8%，冠状病毒约占 5%。

4. 腹泻的治疗原则

（1）造成犊牛腹泻的病原有多种，但损害有规律可循。腹泻主要引起犊牛脱水、电解质和酸碱失衡、肠道黏膜损伤、水和蛋白离子丢失、毒素吸收等，需要结合犊牛的生理特点和腹泻特征进行治疗。

（2）防止感染。病毒性感染时，可以不优先使用抗生素，但在出现发热症状或病程延长时，建议使用抗生素预防继发感染。在检测有细菌感染时，建议做药敏试验，使用敏感抗生素。常用的抗生素有阿米卡星、庆大霉素、环丙沙星、恩诺沙星等。

（3）保护黏膜。无论是细菌性感染还是病毒性感染，都会造成肠道黏膜不同程度的损伤，所以使用黏膜保护剂十分必要。常用的黏膜保护剂有铋制剂、高岭土、鞣酸蛋白、蒙脱石散剂等，还可以使用吸附剂，如活性炭。

（4）支持疗法。犊牛肠道正常时会合成一些维生素类，在肠道损伤且腹泻时，不能合成或快速排出一些营养物质，需要人为补充，所用到的药物有 B 族维生素、维生素 C、肌苷、三磷酸腺苷二钠、辅酶 A 等。

（5）中药。对于草食家畜，中药有其得天独厚的作用（药食同源），一般出生 10 天之内不用中药，之后可以适当添加，水煎或粉碎成末后用开水冲服。常用的药物有茯苓、白术、干草、陈皮、党参、神曲、麦芽、山楂等，根据症状加减。

5. 犊牛腹泻的防治

（1）微生物方面。导致腹泻的病原体存在于肠道，犊牛发病时或恢复期或亚健康感染时都会由粪便排出大量病原体，对环境造成一定压力，所以产房和犊牛舍要做到容易消毒、下水道畅通。

① 圈舍要定期清洗、消毒、熏蒸，能"全进全出"更好。

② 圈舍应通风良好、干燥，垫草清洁，勤更换。

③ 加强干乳期、围产期母牛的管理。干乳期母牛要检测隐性乳腺炎，进行乳房保健，以防止漏乳，保障优质初乳生产。围产期母牛漏乳要登记，不能用这些母牛的初乳饲喂犊牛。

④产房应该每年更换地点，保持干净、干燥，避免在大棚等简陋牛舍产犊，特别是在深冬和早春产犊时更应注意。

⑤ 新生犊牛要单独饲养，避免与成牛等混养，大的犊牛饲养密度要适中，合理分群。

（2）营养方面。

① 饲养犊牛要做到三早三定，早吃初乳、早补饲、早断乳，定时、定量、定温。

②坚持使用全乳喂养，坚持使用巴氏杀菌乳，用酸化乳更好。

（3）免疫接种方面。

①做好牛群的免疫接种工作。根据牛场牛群的疾病流行情况，制订有效的免疫接种程序，定时给牛群免疫接种疫苗，以控制疾病流行。

②确保初乳的质量和数量，确保犊牛及时吃到足够的高质量初乳。

③每年进行规定的流行病的检测，淘汰不适合留养的牛。

（4）物理环境方面。做好新生犊牛的保温工作，特别是在冬季，要及时擦干犊牛；环境温度要适宜。

（5）及时救治。致病生物因子引发的腹泻会导致犊牛机体脱水、电解质和酸碱失衡，病程发展迅速，且病情严重，要引起兽医的足够重视，要及时治疗。

6. 犊牛腹泻的诊断流程 纠正紊乱。恢复细胞外液体积和循环血量，治疗脱水，防止休克和低血糖、缓解中毒（内毒素和代谢性酸中毒）。治疗方法主要是静脉输注或口服平衡液体。常用药物有：0.9%氯化钠、5%葡萄糖、林格液、乳酸林格液、10%的氯化钾、5%碳酸氢钠等。犊牛腹泻诊断流程见图4-4。

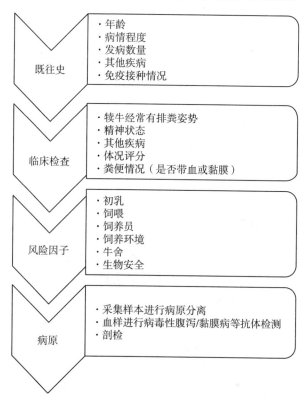

图4-4 犊牛腹泻诊断流程

八、脐炎

脐炎是新生犊牛脐血管及其周围组织的炎症，为犊牛常发病。

正常情况下，犊牛脐带残段在产后7～14天干燥、坏死、脱落，脐孔由结缔组织形成瘢痕和上皮而封闭。

1. 病因 牛的脐血管与脐孔周围组织联系不紧，当脐带断后，残段血管极易回缩而被羊膜包住，脐带断端在未干燥脱落以前又是细菌侵入的门户和繁殖的良好环境。接产时，脐带不消毒或消毒不严，或犊牛互相吸吮，尿液浸渍，都会感染细菌而发炎。

饲养管理不当，外界环境不良，如运动场潮湿、泥泞，褥草没有及时更换，卫生条件较差等，致使脐带受感染。

2. 症状 根据炎症的性质及侵害部位，脐炎可分为脐血管炎和坏疽性脐炎。

（1）脐血管炎。初期常不被注意，仅见犊牛消化不良、下痢。随病程的延长，病犊牛弓腰，不愿行走。脐带与脐孔周围组织充血肿胀，触诊质地坚硬、热，病犊牛有疼痛反应。脐带断端湿润，用手指挤压可挤出污秽脓汁，具有臭味。用两手指长捏脐孔并捻动触摸时，可触到小指粗的硬固索状物，病犊牛表现疼痛。

（2）坏疽性脐炎。坏疽性脐炎又名脐带坏疽，脐带残段湿润、肿胀、污红色、带有恶臭味，炎症可波及周围组织，引起蜂窝组织炎脓肿。有时化脓菌及其毒素还沿血管侵入肝、肺、肾等内脏器官，引发败血症、脓毒败血症，病犊牛出现全身症状，如精神沉郁、食欲减退、体温升高、呼吸及脉搏加快。

3. 治疗 治疗原则是消除炎症，防止炎症蔓延和机体中毒。

（1）局部治疗。病初期，可用1%～2%高锰酸钾清洗脐部，并用10%碘酊涂擦。患部可用60万～80万单位青霉素，分点注射。脐孔处形成瘘孔或坏疽时应用外科手术清除坏死组织，并涂以碘仿醚（碘仿1份、乙醚10份），也可用硝酸银、硫酸铜、高锰酸钾粉腐蚀。如腹部有脓肿，可切开，排出脓汁，再用3%过氧化氢冲洗，内撒布碘仿磺胺粉。

（2）全身治疗。为防止感染扩散，可肌内注射抗生素，一般常用青霉素60万～80万单位，一次肌内注射，每天2次，连用3～5天。

如有消化不良症状，可内服磺胺嘧啶、碳酸氢钠粉各6克，酵母片或健胃片5～10片，每天2次，连服3天。

第三节 育成母牛的饲养管理

一、后备母牛的选择

1. 系谱选择 按系谱选择主要考虑父本、母本及外祖代的育种值，特别是产肉性状的选择（父母的生长发育、日增重等性状指标）。

系谱需要有以下内容：牛号、品种（杂交组合）、来源、出生地、出生日期、初生重；外貌及评分；体尺、体重与配种记录；血统；防疫记录。

2. 生长发育选择 按生长发育选择，主要以体尺（图 4 - 5）、体重为依据，如初生重、6 月龄、12 月龄、初次配种时的体尺和体重。

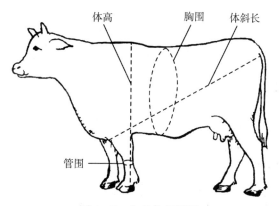

图 4 - 5 牛的体尺测量

3. 体型外貌选择 按体型外貌选择主要根据不同月龄培育标准进行外貌鉴定，如肉用特征、日增重、肢蹄强弱、后躯肌肉是否丰满等特性，不符合标准的个体应及时淘汰。

二、育成母牛的饲养技术

1. 育成母牛的营养需要特点 对育成母牛进行合理的饲养，必须了解其在生长过程中的特点和体内脂肪沉积的变化规律。研究表明，育成母牛体重的增加并未引起蛋白质和灰分在比例上的改变，而体脂肪的增加却是明显的。也就是说，随着育成母牛生长，其对热能的需要量比对蛋白质的需要量相对增加，这就需要在饲料中增加能量饲料的比例。育成母牛骨骼的发育非常显著，在骨质中含有 75%～80% 的干物质，其中钙的含量占 8% 以上，磷占 4%，其他的有镁、钠、钾、氯、氟、硫等元素。钙、磷在牛乳中的含量是适宜的，断乳后，犊牛需要从饲料中摄取。因此，在饲喂的精饲料中需要添加1%～3%的碳酸钙与磷酸氢钙的等量混合物，同时添加1%的食盐。在育成牛生长过程中，只有维生素A、维生素D、维生素E需要在饲料中添加。牛瘤胃内微生物可以合成B族维生素（维生素B_1、维生素B_2、维生素B_6、维生素B_{12}、泛酸、生物素）和维生素K，肝和肾可以合成维生素C。

作为繁殖用的育成母牛，其培育的好坏直接影响其一生的生产性能，对肉牛业的发展也至关重要。饲养上一般采取自由采食方式，日粮中应供给充足的蛋白质、矿物质和维生素，育成母牛的日粮应以青粗饲料为主，适当补喂精饲料。

2. 肉用育成母牛的生长发育特点　肉用育成母牛的生长发育特点主要表现在以下3个方面。

（1）瘤胃发育迅速。7～12月龄时瘤胃容积大增，利用青粗饲料的能力明显提高，12月龄左右接近成年牛水平。12～18月龄，育成母牛消化器官容积更大。训练育成母牛大量采食青粗饲料，以促进消化器官和体格发育，为成年后能采食大量青粗饲料创造条件。日粮应以粗饲料和多汁饲料为主，其重量约占日粮总量的75%，其余的25%为混合精饲料，以补充能量和蛋白质的不足。

（2）生长发育快。7～8月龄以骨骼发育为中心，7～12月龄是体长增长最快的阶段，体躯向高度和长度方面急剧生长，以后体躯转向宽深生长。育成母牛在16～18月龄可基本接近成年牛的体格，该阶段应该把四肢、体躯骨骼的发育作为重点培育目标。一头培育好的育成母牛，骨骼、体高、四肢长度及肌肉的丰满程度等生长发育水平至少要在中等标准以上，外形舒展大方，肥瘦适宜，七八成膘。该时期如果饲养管理不当而发生营养不良，会导致育成母牛生长发育受阻，体躯瘦小，初配年龄滞后，影响其一生的繁殖性能，即使在后期进行补饲也很难达到理想体况。此外，育成母牛的性成熟与体重关系极大。一般育成母牛体重达到成年母牛体重的40%～50%时进入性成熟期，体重达成年母牛体重的60%～70%时可以进行配种。当育成母牛生长缓慢时（日增重不足350克），性成熟会延迟至18～20月龄，影响投产时间，造成不必要的经济损失。该时期育成母牛的膘情也相当重要，最忌肥胖，由于脂肪沉积过多，会造成繁殖障碍，还会影响乳腺的发育，所以应稍瘦而勿肥，特别是在配种前，应保证其有充分的运动，膘情适度，这样才有利于其生产性能的发挥。

（3）生殖机能变化大。在 6 月龄至 1 周岁期间，育成母牛的性器官和第二性征发育很快。6～9 月龄时，卵巢上出现成熟卵泡，开始发情排卵，由于母牛周期性发情，卵巢分泌的卵泡素能促进乳导管分支、伸长和乳腺泡的形成；如果母牛过肥，乳房内有大量脂肪沉积，则会阻碍乳腺泡发育而影响产后泌乳。

3. 育成母牛饲养方式 育成母牛的饲养方式有放牧饲养和舍饲。对于规模化母牛繁育场，犊牛满 6 月龄后转入育成牛舍时，应分群饲养，尽量把年龄、体重相近的牛分在一起，同一小群内体重的最大差别不应超过 70～90 千克，生产中一般按 6～9 月龄、10～14 月龄、15 月龄至配种前进行分群。

（1）放牧饲养。一般情况下，单靠放牧期间采食青、干草很难满足育成母牛生长发育的需要，应根据草场资源情况和牛只生长发育的具体情况，适当地补饲一部分精饲料，一般每天每头 0.5～1 千克；能量饲料以玉米为主，占 70%～75%，蛋白质饲料以饼粕类为主，占 25%～30%；还可准备一些粗饲料，如玉米秸秆、稻草等铡短，令其自由采食。

放牧牛行走较多，对牛蹄不好，易造成疲劳，应注意观察，适时修蹄。放牧牛易被体内外寄生虫侵害，应注意观察牛的粪便、被毛、眼睑等的变化，并定期驱虫。应备有食盐让牛自由舔食。放牧归舍后最好拴系，补饲过程中每头牛占一槽，以防牛斗架争食，导致强牛肥胖、弱牛瘦小。

（2）舍饲。没有放牧条件时或大中型牛场多采用舍饲。精饲料主要以玉米、糠麸、饼粕类等为主，粗饲料主要为优质干草、麦秸、玉米秸、稻草、青贮饲料等，辅以维生素 A、维生素 D、维生素 E、微量元素、磷酸氢钙、食盐等配成全价饲料。一般情况下，精饲料占 15%～20%（能量饲料占 70%，蛋白饲料占 30%），粗饲料占 80%～85%。每天牛采食量为每 100 千克体重干物质 1.8～2.5 千克，饲养标准可参考附表 3 中生长母牛的营养需要。断乳至 19 月龄日增重控制在 0.4～0.8 千克。根据牛只生长发育情况，灵活地调整饲料给量，18～20 月龄体重以达成年母牛体重的 75%～80%为佳。

4. 肉用育成母牛饲养技术 此期育成母牛的瘤胃机能已相当完善，可让育成母牛自由采食优质粗饲料，如牧草、干草、青贮饲料等，整株玉米青贮由于含有较高的能量，要限量饲喂，以防过量采食导致肥胖。精饲料一般根据粗饲料的质量酌情补充，若为优质粗饲料，精饲料的喂量仅需 0.5～1.5 千克；

如果粗饲料质量一般，精饲料的喂量则需 1.5～2.5 千克，并根据粗饲料质量确定精饲料的蛋白质和能量含量，使育成母牛的平均日增重达 700～800 克。16～18 月龄体重达 360～380 千克时进行配种，由于此阶段育成母牛生长迅速、抵抗力强、发病率低、容易管理，在生产实践中，往往会对其疏于管理，导致育成母牛生长发育受阻、体躯狭浅、四肢细高、延迟发情和配种、成年时泌乳遗传潜力得不到充分发挥，给以后犊牛的哺乳造成困难。在不同的年龄阶段，其生长发育特点和消化能力都有所不同。因此，在饲养方法上也应有所区别。育成期的饲养可按育成母牛不同阶段的发育特点和营养需要等情况分两个阶段进行。

（1）第 1 阶段（6～12 月龄）。此阶段是育成母牛生长速度最快的时期，是性成熟前性器官和第二性征发育最快的时期。身体的高度和长度急剧增长，前胃发育较快，经过犊牛期植物性饲料的锻炼，瘤胃功能成熟，容积扩大 1 倍。在良好的饲养条件下，日增重较高，尤其是 6～9 月龄最为明显。瘤胃虽然已具有了相当的容积和消化青粗饲料的能力，但由于在犊牛刚断乳时，容积还不能保证采食足够的青粗饲料，如优质青草、干草、多汁饲料来满足其生长发育的需要，消化器官本身也处于强烈的生长发育阶段，需继续锻炼。为了兼顾此期育成母牛生长发育的营养需要，并进一步促进消化器官的生长发育，此期所喂给的饲料，除了优良的青粗饲料外，还必须适当补充一些精饲料。精饲料的质量和需要量取决于粗饲料的质量。一般日粮中干物质的 75% 来源于优良的牧草、青干草、青贮饲料和多汁饲料，还必须补充 25% 的混合精饲料。按 100 千克体重计算，参考喂量：青贮饲料 5～6 千克、干草 1.5～2.0 千克、秸秆 1.0～2.0 千克、精饲料 1.0～1.5 千克。从 9～10 月龄开始，可掺喂一些秸秆和谷糠类粗饲料，其比例占粗饲料总量的 30%～40%。可采用的日粮配方为混合饲料 2～2.5 千克、秸秆 3～4 千克（或青干草 0.5～2 千克、玉米青贮 11 千克）。

（2）第 2 阶段（13～18 月龄）。此阶段育成母牛消化器官容积增大，已接近成年母牛，消化能力增强，生殖器官和卵巢的内分泌功能更趋健全。若正常发育，在 16～18 月龄时体重可达成年母牛的 70%～75%，生长强度渐渐进入平台期，无妊娠负担，更无产乳负担，此期可尽可能利用青粗饲料，减少精饲料用量。为使育成母牛消化器官容积继续扩大，需要进一步刺激其生长发育，日粮应以粗饲料和多汁饲料为主，其比例约占日粮总量的 85%，其余 15% 为配合饲料，以补充能量和蛋白质的不足，如粗饲料质量差则需要适当补喂精饲料，一般可补喂 2～3 千克精饲料，同时补充钙、磷、食盐和必要的微量元素。有放牧条件的，夏季以放牧为主，冬季要补饲，可自由采食干草和秸秆青贮。

三、育成母牛的管理

1. 育成母牛的日常管理　育成母牛的管理目的是培育优良的肉用母牛，为今后的繁殖打下基础，提高母牛养殖的效益。决定母牛配种时间的是体重和体高，而不是年龄。由于育成母牛饲养阶段只有投入，没有产出，因而首次产犊的推迟将增加饲养成本。育成母牛一般需达到成年母牛体重的 60%～70% 时才可配种，即地方良种母牛一般 15～19 月龄、体重 280 千克以上配种；肉用杂交母牛一般 16～19 月龄、体重 350 千克以上配种。

（1）做好发育和发情记录。记录母牛的体尺、体重。从发育记录上可以了解母牛的生长发育情况，还可以了解饲料给量是否合适，以检查饲养效果。一般从断乳开始测量，每月 1 次，内容包括体高、胸围、体斜长和体重。体重可用下述公式推测：

$$体重（千克）＝胸围^2（厘米）×体斜长（厘米）/10\ 800$$

另外，还要做好母牛的发情、防疫检疫的记录，当母牛发育到接近配种时期，注意育成母牛的发情日期，做好记录，确定预定配种日期，以免错过配种时机。

（2）严禁公、母牛混放，进行合理分群。应将公、母牛分开饲养，育成公、母牛合群饲养的时间以 4～6 个月为限，以后应分群饲养，因为公、母牛生长发育和营养需要是不同的。公、母牛混放对育成母牛非常有害。一般情况下，公牛 9 月龄即性成熟，13～15 月龄就有配种能力，母牛 12～13 月龄即有受孕能力，如果公、母牛混放，造成早配，会影响育成母牛的生长发育和其一生的生产性能的发挥。如果是改良牛群，杂合子公牛偷配，会导致后代生产性能低下，影响牛群的遗传结构。

（3）制订生长计划。根据育成母牛不同的品种、年龄、生长发育特点和饲草、饲料供给情况，确定不同月龄的日增重，以便有计划地安排生产。

要根据后备母牛的平均断乳重制订饲养计划。比如，安格斯牛、海福特牛、短角牛及这些品种的杂种后备牛体重达 215～243 千克时出现初情期；大型品种牛及外来品种，如夏洛来牛、利木赞牛等的杂交后备母牛则需体重达 252～281 千克时才出现初情期。应利用平均断乳重计算出该品种达到配种时体重所需的平均日增重，从而制订相应的饲养计划。

（4）穿鼻环。如需要或为了便于管理，育成母牛可在8～10月龄穿鼻戴环，第1次戴的鼻环宜小，以后随年龄的增长应更换较大的鼻环。

（5）保证充足的运动和光照。为使育成母牛有健康的体况，适当的运动和光照是非常必要的，有利于血液循环和新陈代谢，使牛有饥饿感，食欲旺盛，肋骨开张良好，肢蹄坚硬，整体发育良好，增加对疾病的抵抗力，同时也有利于生殖器官的发育。充足的光照是牛生长发育不可缺少的条件，阳光中的紫外线不仅能使牛合成所需的维生素 D，而且还能刺激丘脑下部的神经分泌性激素，使之保持正常的繁殖性能。如果以放牧为主，可以保证有充足的运动和光照。如果以舍饲为主，则需要有运动场来保证其运动和光照。舍饲时，平均每头牛占用运动场面积应达10～15 米^2，每天要有2～3 小时的运动量。散放饲养时，可自由采食粗饲料，补料时拴系，保证每头牛采食均匀，从而保证其采食量和生长发育的均匀性。

（6）掌握好配种时机。在正常饲养条件下，肉用后备母牛在12月龄前后开始第1次发情。母牛开始发情只能证明其性成熟，并不代表体成熟，过早配种会影响其终生的生产性能。观察记录发情是否正常及其规律，对母牛的正常配种有重要的生理意义。

对初情期的掌握很重要，要在计划配种的前3个月注意观察其发情规律，做好记录。在正常情况下，育成母牛到16～18月龄，体重达成年体重的60%～70%，开始初配。

（7）刷拭与修蹄。因为牛有喜卧的特性，所以保持牛体的卫生很难，尤其是在冬季舍饲、饲养数量较多的情况下，更难保证牛体清洁。牛只因皮肤沾有粪便和尘土形成皮垢而影响其发育。因此，刷拭就成为牛饲养管理过程中很重要的环节，经常刷拭有利于牛体表血液循环，并可预防皮肤病。刷拭时可先用稻草等充分摩擦，再用金属挠子将污物去掉，然后用刷子或扫帚反复刷拭，污染严重的可用含有食用油的湿草将附着物去掉。不易刷拭时，可尽量创造好的环境，使牛健康成长。刷拭时以软毛刷为主，必要时辅以铁篦子，用力宜轻，以免刮伤皮肤，每天最好刷拭牛体1～2次，每次5分钟。牛圈舍内可配电动刷拭设备，引导牛主动刷拭。

以放牧为主时，为使牛充分自主运动，可在6～7月龄、9～10月龄和14～15月龄对磨损不整的牛蹄进行修整；以舍饲为主时，每6个月修蹄1次。规模牛场修蹄可以外包，也可以自行购买修蹄机自行修蹄（图4-6）。

图 4-6 修蹄机

（8）日常卫生管理。应注意饮水卫生，牛舍环境卫生及防寒、防暑也是必不可少的管理工作。放牧时每天应让牛饮水 2～3 次，水饮足才能够吃草，因此饮水地点距放牧地点要近些，最好不要超过 5 千米，水质要符合卫生标准。冬季寒冷地区（气温低于−13℃）要做好防寒工作，夏天炎热地区要做好防暑工作。

（9）后备母牛的选留。从现有犊牛群中选择后备母牛是更新繁殖母牛的常用方法，应选择繁殖率高（易发情配种）的母牛所产的母犊牛，繁殖配种记录可用于鉴定母牛的繁殖力。如果没有记录，可在断乳时选择发育良好的小母牛留作繁殖后备母牛。同时，要注意母本的负面性状，绝不能选择难产、流产、乳房发育不健全、其他组织缺陷或健康状况不佳的经产母牛所产的母犊牛。

2. 繁殖母牛养殖场育成母牛的管理 母牛育成时期，骨骼和肌肉强烈生长，各种组织器官相应增大，性机能开始活动，体躯结构和消化机能逐渐趋于固定。体重的增加在性成熟以前是加速阶段，绝对增重随年龄增长而增加。

(1) 确定后备母牛的选留数量。首先估计保持 2 年内固定母牛数所必需的后备母牛数，包括死亡损失数、空怀母牛数以及成年母牛的淘汰数。那些不再适合作种用的后备母牛应在配种前淘汰，淘汰的后备母牛育肥作商品肉用。

(2) 分群。按年龄、体重分群，每 40～50 头为一群，每群牛的月龄差异不超过 1.5～2.0 个月，体重差异不超过 25～30 千克。为防止牛因采食不均而发育不整齐，要随时注意牛的膘情变化，根据牛的体况及时进行调整，采食不足和体弱的牛向较小的年龄群调动；反之，过强的牛向大的年龄群转移，12 月龄后逐渐稳定下来。

(3) 制订生长计划。根据不同品种、年龄的牛的生长发育特点，饲草、饲料的储备状况，确定不同日龄的日增重。

(4) 转群。根据年龄、发育情况，结合本场实际，按时转群。同时，进行称重和体尺测量，对于达不到正常生长发育要求的可淘汰作商品肉用。

(5) 加强运动。尤其是在舍饲条件下，每天至少要驱赶 4 小时左右。

(6) 刷拭。为了保持牛体清洁，促进皮肤代谢和养成温驯的性格，每天刷拭 1～2 次，每次约 5 分钟。

(7) 按摩乳房。从开始配种起，每天上槽后用热毛巾按摩乳房 1～2 分钟，促进乳房的生长发育。按摩进行到该牛乳房开始出现妊娠性生理水肿为止，到产前 1～2 个月停止按摩。

(8) 初配。在 16～18 月龄根据生长发育情况决定是否参加配种。计划配种前 1 个月应注意观察育成母牛的发情日期，以便在以后的 1～2 个发情期内进行配种。

(9) 防寒、防暑。冬季寒冷地区（气温低于−13℃）做好防寒工作，炎热地区夏天做好防暑工作。持续高温时胎儿的生长受到抑制，配种后 32℃ 持续 72 小时则牛无法妊娠，其主要原因是子宫内部温度升高影响胚胎的生存。高温还会影响育成母牛的初情期，如在 26℃ 环境温度条件下育成母牛的初情期可延迟 5 个月以上，气温上升则发情周期加长，繁殖效率大幅度下降。

四、青年母牛的饲养管理

1. 青年母牛的营养供给特点和培育目标　青年母牛是指妊娠后到产犊前

的头胎母牛。

青年母牛在妊娠初期，营养需要与配种前差异不大，要保持一定的体膘。由于瘤胃容积逐渐增大，产生更多的微生物蛋白质，所以母牛不需要优质的蛋白质，精饲料的多少取决于粗饲料的质量，粗饲料质量较差时应补充 0.25～0.5 千克的豆饼和适量的矿物质。在妊娠 180 天前，胎儿对母体的营养压力非常小，妊娠末 3 个月是胎儿生长发育最快的时期，这一时期胎儿的日增重约为 0.27 千克，这时的青年母牛最小日增重为 0.38 千克才能保证胎儿及母体本身正常的生长发育，使青年母牛顺利产犊，保证较高泌乳量及产后下一次配种时具有良好的体况。要按母牛饲养标准进行饲养，精饲料每头每天为 2～3 千克，粗饲料如青贮饲料喂量为 10～12 千克，干草 2.5～3.0 千克。这个阶段的母牛，饲喂量一般不可过量；否则，将会使母牛过度肥胖，从而导致难产或其他病症。在分娩前 30 天，青年母牛可在饲养标准的基础上适当增加饲料喂量，但谷物的喂量不得超过青年母牛体重的 0.5%。此时，日粮中还应增加维生素及钙、磷等矿物质。

青年母牛黄体激素与卵泡素一起发挥作用促进乳腺泡发育，为哺乳做准备。此期应保持中等体况，如果母牛过肥，乳房内有大量脂肪沉积，会阻碍乳腺泡发育而影响产后泌乳，造成犊牛缺乳而发育受阻。

2. 青年母牛的饲养技术　母牛已配种受胎，生长变缓，体躯向宽深发展。在良好的饲养条件下，体内容易蓄积大量脂肪，应以优质干草、青干草、青贮饲料作为基本饲料，精饲料可以少喂甚至不喂。但是到妊娠后期，由于体内胎儿生长迅速，则须补充精饲料，日喂量为 2～3 千克。按干物质计算，粗饲料占 70%～75%，精饲料占 25%～30%。如有放牧条件，则应以放牧为主，在良好的放牧地上放牧，精饲料可减少 30%～50%，放牧回来后，如未吃饱，仍应补喂一些干草或青绿多汁饲料。

3. 青年母牛的管理　重点做好妊娠检查、保胎保膘、产前准备等。依据膘情适当控制精饲料给量，以防止青年母牛过肥或过瘦。产前 21 天应控制食盐喂量。观察乳房发育，减少牛只调动，保持圈舍及产房干燥、清洁，严格消毒程序。注意观察牛只临产征状，做好分娩准备和助产工作，以自然分娩为主，掌握适时、适度的助产方法。

初次妊娠的母牛，不像经产母牛那样温驯，因此管理上必须非常耐心，并经常进行刷拭、按摩，与母牛多接触，使其养成温驯的习性，以适应产后管理。

（1）加大运动量，以防止难产。

（2）防止驱赶、跑、跳运动，防止相互顶撞，以免造成机械性流产。

（3）不饲喂发霉变质或冰冻饲料，不饮冰冻的水。

（4）加强对青年母牛的护理与调教。

（5）定时按摩乳房。产前1～2个月停止按摩。在进行乳房按摩时，切勿按摩乳头，以免擦去乳头周围的蜡状物，引起乳头龟裂，或因擦掉"乳头塞"而使病菌从乳头孔侵入，导致乳腺炎和产后瞎乳头。

（6）保持牛舍、运动场卫生，供给充足饮水。环境应干燥、清洁，注意防暑降温和防寒保暖，避免长时间淋雨。

（7）计算好预产期，产前2周转入产房，使之早适应环境，减少应激，顺利分娩。

第四节　发情与配种

一、发情鉴定

1. 观察法

（1）看神色。母牛发情时，由于生殖激素的刺激，生殖器官及身体会发生一系列有规律的变化，出现许多行为变化，根据这些变化即可判断母牛的发情进程。母牛发情时精神兴奋不安、不喜躺卧；散放时，时常游走，哞叫，抬尾，眼神和听觉锐利，对公牛的叫声尤为敏感，食欲减退，排便次数增多；拴系时，兴奋不安，在系留桩周围转动，企图挣脱，弓背吼叫，或举头张望（图4-7）。

（2）看爬跨。在散放牛群中，发情牛常爬跨其他母牛或接受其他牛的爬跨。开始发情时，对其他牛的爬跨往往不太接受，随着发情的进展，有较多的母牛跟随、嗅闻其外阴部，发情牛由不接受其他牛的爬跨转为开始接受，以至于静立接受爬跨，或强烈地爬跨其他牛只，在其他牛拒绝爬跨时，常在爬跨中走动，并做交配的抽动姿势。发情高潮过后，发情母牛对其他母牛的爬跨开始感到厌倦，不愿意接受，发情征状结束时，拒绝爬跨（图4-8）。

图 4-7　发情牛兴奋不安

图 4-8　爬跨

（3）看外阴。母牛发情开始时，阴门稍出现肿胀，表皮的细小皱纹消失（展平），随着发情的进展，进一步表现为肿胀、潮红，原有的大皱纹也消失（展平），发情高潮过后，阴门肿胀及潮红现象又表现退行性变化。发情征状结束后，母牛外阴部的红肿现象仍未消失，至排卵后才恢复正常（图 4-9）。

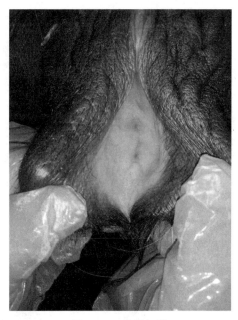

图4-9 外阴红肿

（4）看黏液。牛发情时从阴门排出的黏液量大且呈粗线状，称掉线（图4-10），是其他家畜所不及的。在发情过程中，黏液的变化有明显特点：

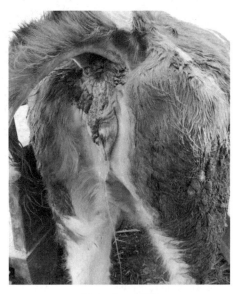

图4-10 掉线

开始时量少、稀薄、透明，继而量多、黏性强，潴留在阴道的子宫颈口周围；发情旺盛时，排出的黏液牵缕性强，粗如拇指；发情高潮过后，流出的透明黏液中混有乳白色丝状物，黏性减退，牵拉之后成丝；发情将近结束，黏液变为半透明状，其中夹有不均匀的乳白色黏液；最后黏液变为乳白色，像炼乳一样，量少。

有经验的配种员认为，发情母牛躺卧时，阴道的角度呈前高后低状，潴留在阴道里的黏液容易排出积在地面上，发现这一现象，即可判定该牛发情，再结合上述 4 个方面，可以综合判定其发情的程度。还有配种员常以鞋掌的前部踩住排在地面上的黏液，脚跟着地，脚尖翘起，如果黏液拉不起丝，即配种时间尚早，如能拉起丝则为配种适宜期。阴道流出的黏液由稀薄透明转为黏稠混浊且黏度增大，用食指与拇指夹住黏液并牵拉 7～8 次不断时，适宜输精。

2. 直肠检查法　一般正常发情的母牛其外部表现比较明显，用外部观察法就可判断牛是否发情和发情的阶段。直肠检查法则是更为直接地检查卵泡的发育情况，判定适配时机，在生产实践中也被广泛采用。方法是把手臂伸入母牛直肠内，隔着直肠壁触摸卵巢上卵泡发育的情况。母牛发情时，可以触摸到突出于卵巢表面并有波动感的卵泡。排卵后，卵泡壁呈一个小凹陷。黄体形成后，可以摸到稍为突出于卵巢表面、质地较硬的黄体。

牛发情时，卵泡圆而光滑，最大的直径为 1.8～2.2 厘米。实际上，卵泡大部分埋于卵巢中，它的直径比所接触的要大。在排卵前 6～12 小时，由于卵泡液的增加，卵巢的体积也有所增大。卵泡破裂前，质地柔软，波动明显；排卵后，原卵泡处有不光滑的小凹陷，以后就形成黄体。

3. 阴道检查法　阴道检查法是用开膣器打开阴道，检查阴道黏膜、子宫颈口的变化情况，判断母牛是否发情及发情程度。发情母牛阴道黏膜充血潮红，表面光滑湿润，子宫颈外口充血、松弛、柔软开张，并流出黏液。不发情的母牛阴道苍白、干燥，子宫颈口紧闭。

根据现场条件，利用绳索、三角绊或六柱栏保定母牛，尾巴用绳子拴向一侧。外阴部先用清水洗净后，再用 1％煤酚皂或 0.1％新洁尔灭溶液进行消毒，最后用消毒纱布或酒精棉球擦干。开膣器清洗擦干后，先用酒精棉球擦拭其内外面进行消毒，然后用火焰烧灼消毒，涂上灭过菌的润滑剂。用左手拇指和食指（或中指）将阴唇分开，以右手持开膣器把柄，使闭合的开膣器和阴门相适应，斜向前上方插入阴门。当开膣器的前 1/3 进入阴门后，即改成水平方向插入阴道，同时向下旋转打开开膣器，使其把柄向下，通过反光镜或手电筒光线检查阴道变化。应特别注意阴道黏膜的色泽及湿润程度，子宫颈部的颜色及形状，黏液的量、黏度和气味，以及子宫颈管是否开张和开张程度。检查完后稍微合拢开腔器，抽出。注意消毒要严格，操作要仔细，防止粗暴检查。

4. 试情法　此法尤其适用于群牧的繁殖母牛，可以节省人力、提高发情鉴定效果。试情法有 3 种：一种是将结扎输精管的公牛放入母牛群中，日间放在牛群中试情，夜间公、母牛分开，根据公牛追逐爬跨情况以及母牛接受爬跨的程度来判断母牛的发情情况。另一种是让试情公牛接近母牛，如母牛喜欢靠近公牛，并做弯腰弓背姿势，表示可能发情。还有一种方法是标记法，给试情公牛的前胸或下颚安装带颜料的标记装置，将其放入母牛群中，凡经爬跨的发情母牛，都可在背部或尻部留下标记。应用同样的原理，在现代化程度较高或胚胎移植受体牛牛群，采用给母牛尻部安装按压式感应器的方法，使每头接受过爬跨的母牛的信息（牛号、爬跨时间）都传入管理控制中心的电脑中，配种工作人员可根据电脑信息准确掌握母牛的发情状况。

5. 常见的异常发情　母牛发情受许多因素影响，如营养、管理、激素调节、疾病等，当某些因素异常时，就会导致异常发情。常见的异常发情有以下几种：

（1）隐性发情。隐性发情又称暗发情或安静发情。这种发情表现为性兴奋缺乏、性欲不明显或发情持续时间短，但卵巢上卵泡能发育成熟而排卵，多见于产后母牛、高产母牛和年老体弱母牛。其主要原因是生殖激素分泌不足、营养不良或泌乳量高引起机体营养过分消耗。此外，寒冷的冬季或雨季较长，舍饲的母牛缺乏运动和光照，都会增加隐性发情牛的比例。

（2）假发情。母牛只有外部发情表现，而无卵泡发育和排卵。假发情有两种，一种是母牛在妊娠 3 个月以后，出现爬跨其他的牛或接受其他牛的爬跨，而在阴道检查时发现子宫颈口不开张，无充血和松弛表现，阴道黏膜苍白、干燥，无发情分泌物。直肠检查时能摸到子宫增大、有胎儿，有人把它称为"妊娠过半"或"胎喜"。其原因是妊娠黄体分泌孕酮不足，而胎盘或卵巢上较大卵泡分泌的雌激素过多。另一种是患有卵巢机能失调或子宫内膜炎的母牛，也常出现假发情，其特点是卵巢内没有卵泡发育生长，或是有卵泡生长也不可能成熟排卵。因此，假发情母牛不能配种；否则，可能会造成妊娠母牛流产。

（3）常发情。正常母牛发情时间很短，而有的母牛发情持续时间特别长，一般为 2～3 天。主要原因是卵泡发育不规律、生殖激素分泌紊乱。常发情多出现以下两种情况。

①卵泡囊肿。这种母牛虽有明显的发情表现，卵巢也有卵泡发育，但卵泡迟迟不成熟，不排卵，而且继续增生、肿大而使母牛持续发情。

②卵泡交替发育。一侧卵泡开始发育，产生的雌激素促使母牛发情，同时另一侧卵巢又有卵泡开始发育，前一卵泡发育中断，后一卵泡继续发育，由于前后两个卵泡交替产生雌激素，使母牛持续发情。

（4）不发情。不发情即母牛无发情表现，也不排卵，主要原因是天气寒冷、营养不良、患卵巢或子宫疾病、产奶量高又处于泌乳高峰期。多伴有卵巢萎缩、持久黄体，或卵巢处于静止状态。

二、配种方式选择

牛的自然交配是牛群自然繁殖后代的本能。目前，在交通不便、牛群数量不大、人工授精技术和设备不完善的地区，没有繁殖记录的全年放牧牛群，对人工授精较难配种受孕的母牛个体，牛的繁殖一般采用自然交配。为了提高肉用种牛的受胎率，可采用本交（包括自然交配和人工辅助交配）方式配种。牛的人工授精技术是 20 世纪应用最为成功的繁殖技术，在推广优良种牛、挖掘优良种牛的繁殖潜力、加快改良牛品种的速度、普遍提高牛的生产性能、节省公牛饲养管理费用、防止由自然交配传播疾病等方面都具有非常重要的作用。

1. 自然交配　在自然条件下，公、母牛混合放牧，直接交配即为自然交配。

2. 人工辅助交配　待母牛发情时，将母牛牵到配种架中固定，再牵来公牛进行交配，即人工辅助交配。

3. 人工授精　人工授精是用人工方法采集公牛的精液，经一系列检查处理后，再注入发情母牛生殖道内使其受胎的过程。人工授精具有以下优点：一是极大地提高优良种公牛的利用率；二是节约大量购买种公牛的资金，减少饲养管理费用，提高养牛效益；三是克服个别母牛生殖器官异常而本交无法受胎的缺点；四是防止母牛生殖器官疾病和接触性传染病的传播；五是有利于选种选配；六是有利于优良品种的推广，迅速改变养牛业低产的现状。

三、选种选配

选配即有预见性地安排公、母牛交配，以期达到后代将双亲优良性状结合在一起，获得更理想的后代，培育出优秀种牛的目的。也就是在选种的基础上，向着一定的育种目标，按照一定的繁育方法，根据公母牛自身品质、体质外貌、生长发育、生产性能、年龄、血统和后裔表型等进行全面考虑，选择最合理的交配方案，最终获得更为优秀的后裔牛群。肉牛的选配方式，应在有关肉牛遗传育种专家的指导下进行。通过建立母牛育种群及商品群，根据市场需求和公司育种规划进行繁育。

1. 种公牛（精液）的选择 首先，审查系谱；其次，审查该公牛外貌表现及发育情况；最后，还要根据种公牛的后裔测定成绩，以断定其遗传性能是否稳定。选配时，公牛冷冻精液选择工作应注意以下几点：

（1）每个区域或每个育种群必须定期制订出符合生产目标的选配计划，其中要特别注意防止近交衰退。

（2）在调查分析的基础上，针对每头母牛本身的特点选出优秀的与配公牛。

（3）对每次选配后的效果应及时进行分析总结，不断提高选配的效果。

2. 公母牛的选配 进行二元杂交时，配种的良种母牛一般选用本地母牛。进行三元杂交或终端杂交时，则选用杂交一代或二代的母牛。产后母牛应在50～90天后配种；选作配种用的本地育成母牛应当满18月龄，体重应当达到300千克，杂交母牛体重应当达到350千克。配种前应当对母牛进行检查，记录母牛的特征、体尺、体重、发情、输精、产犊等信息，建立良种母牛档案。

为小型母牛选择种公牛配种时，公牛体重不宜太大，以防母牛发生难产，尤其是放牧饲养和农户饲养模式更应注意。大型品种公牛与中小型品种母牛杂交时，不用初配母牛，应选择经产母牛，以降低难产率。还要防止改良品种公牛中同一头牛的冷冻精液在一个地区使用过久，以防盲目近交。

第五节　妊娠母牛的饲养管理

一、妊娠母牛的饲养

妊娠母牛的生理特点是体重增加、代谢增强，饲养要点是确保胚胎发育正常、犊牛初生重大、母牛产后生活力强。妊娠母牛的营养需要和胎儿的生长速度有关，胎儿在5月龄前生长速度缓慢，以后逐渐加快，到妊娠后期，妊娠需要达到维持需要的50%～60%；胎儿需要从母体吸收大量营养。一般母牛分娩前，至少要增重 45～70 千克，才能保证产犊后的正常泌乳与发情。妊娠最后 2～3 个月，应进行重点补饲。如果供给的营养不足，会影响犊牛的初生重、哺乳犊牛的日增重及母牛的产后发情；营养过剩，则会使母牛发胖，生活力下降，影响繁殖和健康，母牛一般应保持中等膘情。对于头胎母牛，还要防止难产，尤其用大体型的牛改良小体型的牛，妊娠后期的营养供给不可过量。

肉用母牛的妊娠期分为妊娠前期、妊娠中期、妊娠后期 3 个时期。相应的饲养也分为妊娠前期饲养、妊娠中期饲养、妊娠后期饲养 3 个阶段。

1. 妊娠前期的饲养　由于胎儿生长发育较慢，母牛腹围没有明显变化，其营养需求较少，妊娠前期的母牛一般按空怀母牛进行饲养，以粗饲料为主，适当搭配少量精饲料。

当母牛以放牧加补饲饲养方式为主时，可以满足母牛对营养的需要，放牧可以促进母牛生长，减少疾病发生，有利于胎儿发育。但在枯草期要补饲一定的粗饲料和精饲料，补饲的粗饲料要多样化，防止单一化。有条件的，每头每天补饲青贮玉米 10～12 千克或块根饲料 2～4 千克或秸秆（干草）4～5 千克。每天补饲 2～3 次，要定时、定量，避免浪费，补饲时采取先精后粗的次序进行。

放牧时，不要快速驱赶，或者突然刺激母牛使其做剧烈活动，以防止意外流产。青草期，以放牧采食青草为主，定时、定量饲喂精饲料。保证充足的饮水，每天饮水 3 次，冬季要饮温水。

牛舍要保持清洁干燥，床位铺垫草，每天刷拭牛体 1～2 次。

2. 妊娠中期的饲养　这一阶段，胎儿发育加快，母牛腹围逐渐增大。营养除了维持母牛正常需要外，还要供给胎儿。应提高营养水平，满足胎儿的营养需要，为培育出优良健壮的犊牛提供物质基础。精饲料补饲量要增加，每头每天喂 1.5～2 千克，每天饲喂 3 次。保持放牧加补饲的饲养方法，尤其冬季要补饲青粗饲料和多汁饲料，供给充足的饮水。放牧时，可选择背风向阳的地方进行短暂的休息。

此阶段重点是保胎，不要饲喂冰冻的饲料，冬季不饮用太凉的水；不刺激妊娠母牛做剧烈或突然的活动。每天刷拭牛体的同时要注意观察母牛有无异常变化。所用料桶和水桶每次用后刷洗干净，晾干。饮水槽要定期刷洗，以保持饮水清洁卫生。牛舍要保持清洁干燥，通风良好，冬季注意保温。

3. 妊娠后期的饲养　这一阶段是胎儿发育的高峰，母牛的腹围粗大。胎儿吸收的营养占日粮营养水平的 70%～80%。妊娠最后 2 个月，母牛的营养直接影响胎儿生长和本身营养蓄积，如果长期低营养饲喂饲养，母牛会消瘦并容易造成犊牛初生重低、母牛体弱和乳量不足，母牛易患产后瘫痪；若严重缺乏营养，会造成母牛流产。而高营养水平饲养，母牛则会因肥胖影响分娩，从而引起难产、胎衣不下等。所以这一时期要加强营养，但要适量。

保持放牧加补饲饲养，供给充足饮水。35 周龄以后，缩短放牧时间，每天上午和下午各 2 小时。由于母牛身体笨重、行走缓慢，放牧距离应缩短。严禁突然驱赶和鞭打妊娠牛，以防流产和早产。妊娠母牛起卧时，让其自行起卧，禁止驱赶。

舍饲时，母牛精饲料每头每天喂 2～2.5 千克，每天饲喂 3 次。37 周龄结束至 38 周龄开始，根据母牛的膘情可适当减少精饲料喂量。

由于胎儿增大挤压了瘤胃的空间，母牛对粗饲料的采食量相对减少，补饲的粗饲料应选择优质、消化率高的饲料，水分较多的饲料要减少用量。38 周龄后，饲喂的多汁饲料要减量，主要提供优质的干草和精饲料，按时供给饮水。每天注意观察妊娠母牛状况，发现异常时，应立即请兽医诊治。每天刷拭牛体，清扫牛舍，保持卫生。

二、妊娠母牛的管理

妊娠母牛管理的重点是做好保胎工作，预防流产或早产，保证安全分娩；在饲料条件较好时，应避免妊娠母牛过肥和运动不足；在粗饲料较差时，做好补饲，保证营养供给。

1. 饲料管理

（1）应采用先粗后精的顺序饲喂，即先喂粗饲料，待牛吃半饱后，在粗饲料中拌入部分精饲料或多汁饲料碎块，引诱牛多采食，最后把余下的精饲料全部投饲，吃净后下槽。

（2）要注意饲料的多样化，重视青干草、青绿多汁饲料的供应，妊娠母牛禁喂发霉变质或酸度过大的饲料，慎喂酒糟，不可饲喂冰冻的饲料及饲草，以免妊娠母牛腹痛和消化不良，引起子宫收缩，造成流产。

（3）分娩前 2 周左右饲料喂量要减少 1/3，以减轻肠胃负担，防止消化不良。特别要注意的是要停喂青贮饲料及多汁饲料，以免乳房过度膨胀。

2. 放牧管理

（1）在母牛妊娠期间，应注意防止流产、早产，这对放牧饲养的牛群更为重要。妊娠后期的母牛要与其他牛群分别组群，单独在舍饲圈舍附近的草场进行放牧，以防止顶角打架、拥挤和乱爬跨而造成流产。为防止母牛之间互相挤撞，放牧时不要鞭打、驱赶，以防惊群。

（2）雨天不要放牧和进行驱赶运动，以防止妊娠母牛滑倒。不要在有露水的草场上放牧，也不要让牛采食大量易产气的幼嫩豆科牧草，不采食霉变饲料，不饮冰水和脏水。

3. 妊娠母牛日常管理

（1）在管理上要加强刷拭和运动，特别是头胎母牛，还要进行乳房按摩，以利于产后犊牛哺乳。舍饲妊娠母牛每天运动 2 小时左右，以免过肥或运动不足，防止发生妊娠浮肿，利于胎儿分娩。每天至少刷拭牛体 1 次，保持牛体清洁。

（2）应做好保胎工作，让其自由饮水，水温要求不低于 8～10℃。不饮脏水、冰水。

（3）对有病的妊娠母牛要慎重用药，以防因用药不当引起流产。

4. 一般管理措施

（1）刷拭。应定期刷拭牛体。刷拭能清除牛体的污垢、尘土与粪便，保持牛体清洁，促进血液循环，增进新陈代谢，有益于牛的健康，同时还可以预防寄生虫病。刷拭应由颈部开始往后刷，用毛刷和铁刷刷掉牛体粪便，还可安装全自动牛体按摩刷（图 4-11）。

图 4-11　全自动牛体按摩刷

（2）修蹄。由于受遗传和环境因素的影响，有的牛蹄会出现增生或病理症状，如变形蹄、腐蹄病等，如不及时修整，会造成牛行动困难和产奶量下降。

修蹄应每年春秋各进行 1 次。

（3）按摩乳房。对青年母牛一般从妊娠 5～6 个月必须开始按摩乳房，每天 1～2 次，每次 3～5 分钟，至产前 1～2 个月停止按摩。

三、妊娠母牛用药注意事项

母牛妊娠后，各器官均发生一定的生理变化，对药物的反应与未妊娠母牛不完全相同，药物的分布和代谢也受妊娠的影响。因此，妊娠母牛临床不合理用药将导致胚胎死亡、流产、胎儿畸形，从而造成医源性疾病。

妊娠母牛发生疾病，用药治疗时，首先，应考虑药物对胚胎和胎儿有无直接或间接严重危害的作用。其次，药物对母牛有无副作用与毒害作用。妊娠早期用药要慎重，当发生疾病必须用药时，可选用不会引起胚胎早期死亡和致畸的常用药物。

妊娠母牛用药剂量不宜过大，时间不宜过长，以免药物蓄积作用危害胚胎和胎儿。

妊娠母牛应慎用全身麻醉药、驱虫剂和利尿剂。禁用有直接或间接影响生殖机能的药物，如前列腺素、肾上腺皮质激素、促肾上腺皮质激素和雌激素。严禁使用子宫收缩的药物，如催产素、垂体后叶制剂、麦角制剂、氨甲酰胆碱和毛果芸香碱。使用中药时应禁用活血祛瘀、行气破滞、辛热、滑利中药，如桃仁、红花、枳实、益母草、当归、乌头等。云南白药、地塞米松等也应慎重使用。

改变那种认为"妊娠畜用药都是有害"的观点，为了胚胎和胎儿的安全而延误妊娠母牛的治疗，反而损害母牛的健康，造成母牛与胎儿双亡现象。因此，妊娠母牛患病时应积极用药治疗，确保母体健康，力求所用药物对胚胎和胎儿无严重危害。

第六节　空怀母牛的饲养管理

空怀母牛是指在正常的适配期（如初配适配期、产后适配期等）内不能受孕的母牛，空怀母牛饲养管理的主要任务是查清不孕的原因，采取针对性措施平衡营养，提高受配率、受胎率，降低饲养成本。空怀母牛的饲养要求是配种前具有中等膘情，不可过肥或过瘦，特别是纯种肉母牛，实际生产中过肥的情况常出现。过瘦母牛在配种前的 2 个月要补饲精饲料，平衡日粮，以提高受胎率。

一、空怀母牛的饲养

舍饲空怀母牛的饲养以青粗饲料为主，适当搭配少量精饲料，当以低质秸秆为粗饲料时，应补饲 1～2 千克精饲料，改善母牛的膘情，力争在配种前达到中等膘情，同时注意食盐等矿物质和维生素的补充。

以放牧为主的空怀母牛，放牧地离牛舍不应超过 3 000 米。青草季节，应尽量延长放牧时间，一般可不补饲，但必须补充食盐；枯草季节，每头牛每天要补饲干草（或秸秆）3～4 千克和精饲料 1～2 千克。先饮水后喂草，待牛吃到 5～6 成饱后，喂给混合精饲料，再饮淡盐水，待牛休息 15～20 分钟后出牧，放牧回舍后给牛备足饮水和夜草，让牛自由饮水和采食。草料要新鲜无霉烂变质。初牧 10 天限制采食幼嫩牧草和树叶等，防止有毒植物中毒或瘤胃臌气发生。

二、空怀母牛的管理

空怀母牛的管理最主要的就是要及时查清母牛空怀的原因，并采取相应的治疗措施。造成母牛空怀的主要有先天性和后天性两方面原因。先天性原因造成母牛空怀的概率较低，后天性原因主要有饲养和管理，如营养缺乏（包括母牛在犊牛期的营养缺乏）、生殖器官疾病、漏配、失配、营养过剩，或运动不足引起的肥胖、环境恶化（过寒过热、空气污染、过度潮湿等）、人为等原因。成年母牛因饲养不当造成的不孕，在恢复正常营养水平后，大多能够自愈。

牛舍内通风不良、空气污浊、夏季闷热、冬季过于寒冷、过度潮湿等恶劣环境极易危害牛体健康，敏感的个体很快停止发情。因此，改善环境条件对提高母牛繁殖力、减少空怀十分重要。此外，运动和日光照射对增强母牛体质、提高母牛的生殖机能有着重要作用。

三、缩短母牛产后空怀期的措施

1. 促进子宫复旧　母牛产后恶露较多，持续时间较长，子宫完全复旧至少需要 20～30 天。子宫复旧的状态可直接影响卵子受精和受精卵的发育及着床，子宫复旧与卵巢机能的恢复直接相关。产后卵巢如能迅速出现卵泡活动，即使不排卵，也会提高子宫的紧张度，促进子宫内恶露的排出和正常生理状态的恢复。

在子宫复旧未完成时使用 $PGF_{2\alpha}$（前列腺素）可以缩短产后发情的时间并提高受胎率。$PGF_{2\alpha}$ 此时的主要作用是促进子宫复旧，恢复子宫的正常功能，同时可调节卵巢的正常功能。

2. 控制母牛的营养水平　控制母牛的营养水平很重要，配种前应进行体况评分、分群、调制饲料等，以达到控制体重、使牛群保持健康状态的目的。产前母牛过度肥胖会导致生产瘫痪、消化紊乱、酮病等疾病的发病率提高。同时，产后过度肥胖会降低机体 LH（促黄体生成素）的分泌量和分泌频率，导致卵泡不能充分发育、不排卵，排卵后出现发情周期，都与 LH 的分泌量和分泌频率相关，产后 6～8 周应该是卵巢重新出现周期性活动，适时进行产后第 1 次配种的时期，但这时机体 LH 分泌峰不出现或峰值降低，会使卵泡的生长、排卵受到抑制。体况差的母牛容易出现能量负平衡，也会影响 LH 的分泌，影响繁殖效率。

3. 激素处理

（1）子宫内灌注儿茶酚雌二醇。在卵泡中儿茶酚雌二醇的作用之一是抑制基础的颗粒细胞分化和生长因子诱导的颗粒细胞分化。因此，儿茶酚雌激素对颗粒细胞的抗分化作用，有助于颗粒细胞产生孕酮，以及排卵后形成黄体。

（2）使用促性腺激素和 GnRH 诱导排卵。在产后 16～30 天一次性或多次注射 LH 或 GnRH（或其类似物）可诱导母牛排卵。

（3）孕激素处理。耳部埋置 3 毫克孕酮类似物诺甲酯孕酮 9 天后，在 48 小时内注射 1 000 国际单位 HCG，诱导排卵后黄体期维持正常长度的比例增加。诺甲酯孕酮埋置 6 天后 LH 浓度和分泌频率均有增加，排卵前外周血中雌二醇浓度和大卵泡上 LH 受体数量也有所增加，这是因为促性腺激素的增加促进了卵泡的发育。

（4）使用 $PGF_{2\alpha}$。产后早期注射 $PGF_{2\alpha}$ 可以促进子宫复旧，因此产后使用 $PGF_{2\alpha}$ 可以缩短产后出现第 1 次发情的时间间隔，并提高受胎率。

第五章

提高母牛繁殖力的技术措施

第一节　影响繁殖力的因素

一、遗传

这是影响家畜繁殖率的主要因素，不同品种有差异，同一品种不同个体间也有差异。繁殖性状的遗传力较低，多为 0.1 左右。产犊间隔的遗传力是 0.10～0.15，受胎率的遗传力是 0～0.15，母性能力的遗传力是 0.40。牛双胎遗传力也很低。

二、营养

营养水平与肉牛的繁殖力有直接和间接两种作用。直接作用是可引起性细胞发育受阻和胚胎死亡等，间接作用是通过影响生殖内分泌活动而影响生殖活动。饲料能量不足，不但影响幼龄母牛的正常生长发育，而且推迟性成熟和适配年龄。如果饲料中缺乏矿物质，尤其是磷，则会推迟性成熟。北方地区缺乏硒，易引起青年牛初情期推迟，成年母牛不发情、发情不规律。缺钙能导致骨质疏松、胎衣不下、产后瘫痪等。其他微量元素，如碘、钴、铜、锰等，也不可缺少。饲料中维生素 A 不足，容易造成母牛流产、死胎和弱胎，还常发生胎衣不下。母牛矿物质、维生素缺乏症见表 5-1。

表 5-1　母牛矿物质、维生素缺乏症

缺乏症	钙	磷	钠	镁	钾	硫	铁	锌	锰	铜	碘	钴	硒	维生素 A	维生素 D	维生素 E
不孕		+					+	+	+	+	+	+	+	+		+

（续）

缺乏症	钙	磷	钠	镁	钾	硫	铁	锌	锰	铜	碘	钴	硒	维生素A	维生素D	维生素E
流产		+					+	+	+		+	+		+		+
胎衣不下	+								+	+	+			+		+
生长发育不良	+	+	+			+			+	+				+	+	+
产奶量下降	+	+	+	+	+	+		+		+					+	
消瘦（体况不良）												+		+		
被毛、皮肤异常								+		+				+		
骨骼变形	+	+							+	+						
异食癖			+	+		+										
食欲减退		+	+		+				+				+			
下痢										+		+	+			
青草搐搦症				+												
贫血						+				+		+				
肌肉营养不良	+				+		+	+							+	+
视力障碍或夜盲														+		
弱蹄（腐蹄病）								+		+						

三、环境

在自然环境中，光照、温度的季节性变化对母牛都具有一定的刺激作用，通过生殖分泌系统引起生殖生理的反应，进而对母牛繁殖力产生影响。母牛在炎热的夏季，受胎率降低。进而由于气温升高，可造成公牛睾丸及附睾温度升高，影响其正常的生殖能力和精液品质，也影响繁殖力。

1. 温度和湿度　我国的南北自然气候环境相差很大，对肉牛养殖的影响也会各有差别，但重点仍是以夏季防暑降温和冬季防寒保暖为主。无论是高温还是低温主要会造成肉牛的饲料消耗增加，繁殖能力下降，抑制了母牛发情排卵，使受胎率下降，母牛的繁殖周期延长，饲养成本提高。

2. 空气　新鲜的空气是促进肉牛新陈代谢的必需条件，并可减少疾病的传播。

3. 尘埃、有害气体和噪声　牛的呼吸、排泄以及排泄物的腐化分解，不仅使舍内空气中的氧气减少，二氧化碳增加，而且产生了氨气、硫化氢、甲烷等有害气体，对牛的健康和生产都有极其不利的影响。在敞篷、开放式、半开放式牛舍中，空气流动性大，所以牛舍中的空气成分与大气差异很小。而封闭式牛舍中，如设计不当或使用管理不善，会因牛的呼吸、排泄物的腐败分解，使空气中的氨气、硫化氢、二氧化碳等增多，影响肉牛生产力。

舍外传入、舍内机械产生的各种噪声，还有牛自身产生的噪声，对牛的休息、采食、增重等都有不良影响。

4. 饲养密度 牛舍内头均面积要达到 3.5 米² 以上，运动场头均面积达到 10～15 米²。

四、冷冻精液质量与输精技术

精液品质不佳不仅影响母牛的受胎率，而且易造成母牛生殖疾患。输精技术水平的高低是影响繁殖率的重要因素。对发情母牛输精时间掌握不当，或对母牛早期妊娠诊断不及时、不准确，而失去复配机会，都会使母牛受胎率降低。

五、疾病

生殖系统的疾病直接影响正常母牛的繁殖机能，如卵巢疾病导致不能排卵或排卵不正常；生殖道炎症直接影响精子与卵子的结合或结合后不发育。

第二节　提高母牛繁殖力的措施

一、加强母牛的饲养管理

1. 充分利用当地饲料资源合理配制母牛日粮 营养是影响母牛繁殖力的重要因素，因此要依据不同的阶段，调整营养结构和饲料供给量。营养水平过高，母牛过度肥胖，可引起性欲降低、胚胎死亡率升高、犊牛成活率降低。对初情期的牛，应注重蛋白质、维生素和矿物质营养的供应，以满足其性机能和机体发育的需要。青绿饲料供应对于非放牧的青年牛很重要，应尽可能给初情期前后的牛供应优质的青绿饲料或牧草。

利用当地农副产品时，应由专家对农副产品的营养价值和副作用进行营养价值分析，对加工副产品，还要了解其生产加工工艺。饲料中缺硒，影响母牛的妊娠率并易造成流产，处于严重缺硒的地区，无论是放牧或舍饲，都需另外补充一定量的微量元素硒。母牛饲料中的非蛋白氮含量过高会影响母牛的繁殖性能，在饲料中添加尿素时应控制好比例。

2. 保证饲料质量与安全 某些饲料本身含有对生殖有毒性作用的物质，如部分植物中含有植物雌激素，可引起母牛卵泡囊肿、持续发情和流产等；棉籽饼中含有的棉酚会影响母牛受胎、胚胎发育和胎儿成活等。所以，在饲养中应尽量避免使用或少用这类饲料和牧草，或可采取减毒工艺加工饲料。

此外，饲料生产、加工和储存等过程中也可能产生对生殖有毒、有害的物质。如饲料生产过程中残留的某些除草剂和农药，饲料加工不当所引起的某些毒素（如亚硝酸钠）以及储存过程中产生的毒素（如玉米腐败产生的黄曲霉毒素），淀粉厂生产的粉渣中含有的硫化物，均对卵子和胚胎发育有不利影响。

3. 加强环境控制 肉牛业的生产效益不仅取决于牛的品种和科学的饲养管理，也取决于牛的饲养环境。最为重要的问题就是冬季的温度控制和夏季的防暑降温问题。除控制好牛舍的温度外，还有牛舍的湿度、有害气体、饲养密度，以及采光和风速、噪声与灰尘等。牛舍的标准化设计和环境控制是目前我国养牛业向高层次发展的重要环节。

（1）温度和湿度。肉牛抵抗高温的能力比较差，尤其是母牛。为了消除或缓和高温对牛的有害影响，必须做好牛舍的防暑降温工作。饲养肉牛适宜的温度是 $4\sim24℃$，能保证肉牛正常生长发育。为了促进肉牛快速生长，提高饲料转化率，最适宜的温度是 $10\sim15℃$。适宜相对湿度为 $50\%\sim70\%$，最好不要超过 80%。可用温湿度表测量牛舍的温湿度。

（2）气流。气流对母牛生产和犊牛影响较大，牛体周围风速应控制在 0.3 米/秒左右，最高不超过 0.5 米/秒，一般以饲养人员进入牛舍内感觉舍内空气流畅、舒适为宜。

（3）尘埃、有害气体和噪声。在封闭的牛舍内，保持空气中二氧化硫、二氧化碳、总悬浮物颗粒、吸入颗粒等各项指标符合空气环境质量良好等级，减少肉牛呼吸道病的发生，促进其生长和繁殖。牛舍中二氧化碳含量≤2 920 毫克/米³，硫化氢含量≤15 毫克/米³，氨含量≤19.5 毫克/米³。一般要求牛舍的噪声水平不应超过 100 分贝。现代工厂化养牛应选用噪声小或带有消声器的机械设备。

4. 加强母牛日常管理 在管理上要保证繁殖牛群充足的运动和合理的日粮安排，加强妊娠母牛的管理，防止流产。改善牛舍的环境条件，保持空气流通。要注意母牛发情规律的记录。加强对流产母牛的检查和治疗。对于配种后的母牛，应及时检查受胎情况，以便做好补配和保胎工作。

二、加强母牛的繁殖技术管理

1. 提高母牛受配率

（1）要确定合理的初配年龄，维持正常初情期。

（2）做好母牛的发情观察。牛发情的持续时间短，约 18 小时，25％的母牛发情征状表现不超过 8 小时，而下午到翌日清晨前发情的要比白天多，发情而爬跨的时间大部分（65％）在 18：00 至翌日 6：00，特别是在 20：00 至翌日 3：00 之间，爬跨最为频繁。约 80％的母牛排卵发生在发情终止后的 7～14小时，20％的母牛属于早排或迟排卵。

（3）及时检查和治疗不发情母牛。充分利用超声诊断法、孕酮水平测定法、妊娠相关糖蛋白酶联免疫吸附试验测定法、早孕因子诊断法等先进的早期妊娠诊断技术，及早发现空怀牛，及时配种。针对各种不孕症和子宫炎，制订科学的治疗方案，进行积极治疗。

2. 提高受胎率

（1）要掌握科学合理的饲养管理技术。

（2）注重提高公牛的精液质量。采取自然交配方式的养殖场（户），要掌握种公牛的饲养管理技术。

（3）做到适时输精。牛的排卵一般发生在发情结束后 10～12 小时，适宜的输精时间是排卵前 6～12 小时。在实际工作中，输精在发情母牛安静接受他牛爬跨后 12～18 小时进行，清晨或上午发现发情，下午或晚上输精；下午或晚上发情的，翌日清晨或上午输精。

（4）要熟练掌握输精技术。采用直肠把握子宫颈输精法比开膣器输精法的受胎率提高 10％以上，但操作技术的熟练程度对受胎率影响很大。操作过程中要掌握技术要领，做到"适深、慢插、轻注、缓出，防止精液倒流"。人工输精的部位要准确，一般以子宫颈深部到子宫体为宜。操作过程中要细心、认真、动作柔和，严防粗暴，以免损伤母牛生殖道。在输精过程中，多些良性刺激，母牛努责少，精液逆流减少，增加子宫吸引，有助于提高受胎率，恶性刺激则不利于提高受胎率。刺激的性质与输精的手段、输精时间长短有关。输精时可按摩阴蒂，有助于提高受胎率。输精时间以 1～3 分钟为宜，超过 3 分钟受胎率会下降。输精员在实施人工输精时要切实做好消毒卫生工作，防止人为地将大量细菌带入母牛子宫内，引起繁殖障碍疾病。

（5）要积极治疗子宫疾病，提高受胎率。

（6）学习了解一些提高受胎率的技巧。

①对隐性子宫内膜炎的母牛，在发情配种前或后几小时，向子宫内注入青霉素 40 万～100 万单位、链霉素 100 万单位，可提高受胎率。

②肌内注射维生素。输精后 15～20 分钟，肌内注射维生素 E 500 毫克，可明显提高情期受胎率。在输精的当天，输精后的第 5～6 天，肌内注射维生素 A、维生素 D、维生素 E 效果就更好，剂量以说明书为准。

③在母牛输精或交配后 5～7 分钟，注射催产素 100 国际单位，可提高受胎率。

3. 降低胚胎死亡率　注重饲养管理，实行科学饲养，保证母体及胎儿的各种营养需要，避免营养不良，或温度过高以及热应激等环境因素造成的母体内分泌失调、体内生理环境的变化。不喂腐烂变质、有强烈刺激性、霜冻等料草和冰水。防止妊娠牛受惊吓、鞭打、滑跌、拥挤和过度运动，对有流产史的牛更要加强保护措施，必要时可服用安胎药或注射黄体酮保胎。

4. 提高犊牛成活率　要努力保证犊牛（犊牛 7 月龄前）不发生意外或疾病死亡。要对新生犊牛加强护理，如产犊时及时消毒、擦净犊牛嘴端黏液、断脐后对断端严格消毒、让其及时吃上初乳等。要注意母牛的饲养，保证有足够营养来生产牛乳供犊牛食用。此外，还要对牛舍进行严格消毒，不使犊牛食入不清洁的草料。冬季，产房要保暖，不使犊牛遭受贼风吹袭。早食饲草对犊牛的健康生长有利，应在生后 2 周，训练其吃犊牛饲料。哺乳期如发现犊牛有病，要及时诊治，以免造成不应有的损失。

三、提高种公牛的繁殖机能

1. 成年种公牛的饲养　5 岁以上的种公牛已不再生长，为了保持种公牛的种用价值，其不宜过肥，保持中上等膘情能量需求即可。当使用次数频繁时，应增加蛋白质的供给量。磷对公牛很重要，如精饲料喂量少时必须补充磷。维生素 A 是种公牛所必需和最重要的维生素，日粮中如果缺少，就会影响精子的形成，使精子数量减少，畸形精子增加，也会影响精液品质和精子活率及种公牛的性欲。粗饲料品质不良时，必须补加维生素 A。

种公牛的粗饲料应以优质干草为主，搭配禾本科牧草，而不用酒糟、秸秆、果渣及粉渣等粗饲料。青贮饲料虽属生理碱性饲料，但因含有较多的酸，对种公牛应限量，每次应控制在 10 千克以下，应与干草搭配饲喂，以干草为主。冬春季节可用胡萝卜补充维生素 A。要注意合理利用多汁饲料和秸秆饲喂种公牛。精饲料中的棉籽饼、菜籽饼有降低精液品质的作用，不宜作种公牛饲料，豆饼虽富含蛋白质，但它是生理酸性饲料，饲喂过多易在体内产生大量有机酸，对精子形成不利，因此应控制喂量。配种旺季，每天给种公牛增加 1～2 个鸡蛋。

采用本交或人工授精的种公牛，会有配种淡季和旺季之分。在配种旺季到来前两个月就应加强饲养，因为精子从睾丸中形成到附睾尾准备射精要经过 8 周的成熟过程。精子形成时饲养合理就可提高精子活率和受精率。肉用牛配种旺季一般都在春季或早夏，在配种旺季到来之前正处于冬季，要使公牛在配种旺季达到良好的膘情，就应加强冬季的饲养。种公牛一般日喂 3 次，如有季节性配种，则淡季可改喂 2 次。

2. 成年种公牛的管理　对种公牛来说，运动是一项重要的管理工作，适当的运动可使种公牛的肌肉、韧带、骨骼保持健康状态，防止肢蹄变形，保证牛活泼，性情温驯，性欲旺盛，精液品质优良，还可防止牛变肥。

对待种公牛须严肃大胆，谨慎细心，让其从小就养成听人指引和接近人的习惯，任何时候都不能挑逗种公牛，以免形成顶人恶习。饲喂种公牛或牵引种公牛运动或采精时，必须注意其表现，种公牛用前蹄刨地或用角擦地，这是其准备角斗的行为，应防止角斗发生。

在温带饲养的种公牛，其造精机能和精液特性随着季节的变化而变化。种公牛处在高温环境中对其造精机能的影响很大。盛夏种公牛精液的受精率低。如将种公牛放在 30℃条件下，经数周后就会出现睾丸和阴囊皮温上升（据试验，阴囊皮温和睾丸温度比体温高 3～4℃）的情况，这种高温刺激常造成精子数目减少，畸形精子增加，精子活率下降，严重者根本没有精子。温度越高，持续时间越长，对精子的伤害越大，因此夏季通过遮阳、身上喷雾、水浴、吹风等措施给予降温非常重要。

3. 种公牛的合理利用

（1）合理利用种公牛是保持其健康和延长其使用年限的重要措施。成年种公牛在春冬季节每周采精 3～4 次，或每周采精 2 次，每次射精 2 次。夏季一般只在早晨采精 1 次，通常在喂后 2～3 小时采精。种公牛一般 5～6 岁以后繁殖机能减退，3～4 岁种公牛的精液受精率最高，以后每年以 1% 的比率下降。

（2）人工辅助交配时，一头公牛每天只允许配 1～2 头母牛。连续交配4～5天后，休息 1～2 天。青年公牛配种量减半。不能与有病的牛配。交配前应让母牛先排尿，配后捏一下背腰，立即驱赶运动。

（3）在自然条件下，公、母牛混合放牧，直接交配时，为了保证受孕，公、母牛比例一般为1：（20～30）；公牛要有选择，不适于种用的应去势。小牛、母牛要分开，防止早配；要注意公、母牛的血缘关系，防止近交衰退现象。

（4）在放牧配种季节，要调整好公、母牛比例。当一个牛群中使用数头种公牛配种时，青年公牛要与成年公牛分开。在一个大的牛群当中，以公牛年龄为基础所排出的次序会影响配种头数的多少。有较多后代的优势种公牛不一定是性欲最强的牛，也不完全是牛群中个体最大、生长最快的公牛。因此，在种公牛放牧配种时，要进行轮换，特别是对1岁的公牛，每10～14天休息3～4天。

四、推广应用繁殖新技术

1. 提高母牛利用率的技术 目前，母牛的发情、配种、妊娠、分娩、犊牛的断乳培育等各个环节都已有较为成熟的控制技术，如冷冻精液、人工授精、同期发情、超数排卵、冷冻胚胎、胚胎移植、诱发双胎、活体采卵、性别控制、诱导分娩等，都可以快速提高良种母牛的繁殖效率。

2. 母牛生殖机能检测技术

（1）卵巢活动的监测。外周血液中的孕酮水平会随着繁殖阶段不同而变化。可以通过检测体内孕酮水平的变化监测卵巢活动情况。

（2）可利用腹腔内窥镜、超声波检查等对卵巢、子宫状况进行检测。

3. 早期妊娠诊断技术 包括超声诊断法、孕酮水平测定法、妊娠相关糖蛋白酶联免疫测定法（PAG‐ELISA）、早孕因子诊断法等。应用早期妊娠诊断技术可及早发现空怀牛，及时进行配种。

五、控制繁殖疾病

1. 调查牛群繁殖疾病现状 调查了解母牛群的饲养、管理、配种和自然环境等情况，然后查阅繁殖配种记录和病例，统计各项繁殖力指标，对母牛群的受配率、受胎率、产犊间隔、繁殖成活率等母牛繁殖情况进行调查分析，由此确定牛群中可能存在的繁殖疾病类型，找出牛群在繁殖方面需要解决的主要问题，通过分析其形成的原因，提出具体问题的解决思路。

2. 定期检查生殖机能状态 包括不孕症检查、妊娠检查和定期进行健康与营养状况评分，并分阶段、有步骤地按患病类型对病牛进行逐头诊治。特别是大、中型牛场，对母牛定期进行繁殖健康检查是防治繁殖疾病的有效措施。

3. 加强技术培训 有些繁殖疾病常常是由于工作失误原因造成的。例如，不能及时发现发情母牛和空怀母牛，未予配种或未进行治疗处理；繁殖配种技术（排卵鉴定、妊娠检查、人工授精）不熟练，不能适时或正确进行人工授精；配种和接产消毒不严、操作不慎，引起生殖器官疾病等，都是导致繁殖疾病的常见原因。所以技术人员要经常参加相关培训，掌握新技能，提高技术水平和责任心。

4. 制订牛群传染性繁殖疾病和繁殖疾病综合管理措施 严格控制传染性繁殖疾病，制订繁殖生产的管理目标和技术指标。例如，在规模化舍饲母牛繁育场，繁殖管理目标应包括以下内容：平均产犊间隔、繁殖疾病的发病率、情期受胎率、因繁殖疾病而淘汰的母牛占淘汰牛的比例、繁殖计划、繁殖记录、繁殖管理规范、繁殖技术操作规程等。

第三节　肉牛繁殖新技术

一、初情期的调控

1. 定义与意义 初情期的调控是指利用激素处理，使未性成熟雌性动物的卵巢发育和卵泡发育并能达到成熟的阶段。初情期的调控技术，主要应用于大动物的育种，以缩短优秀雌性的世代间隔。如牛的世代间隔可从原来的30个月缩短至15个月左右。还用于研究未性成熟动物的卵巢活动情况、卵泡发育潜能、初情期前卵巢对促性腺激素的反应、卵子发育及受精的能力等。对于母牛来说，还可适当提早配种。

2. 初情期调控的原理 雌性动物卵巢上卵泡的发育与退化，从出生到生殖能力丧失，从不停止。而初情期前卵泡不能发育至成熟，可能是下丘脑、垂体尚未发育成熟，下丘脑-垂体-性腺反馈轴尚未建立，但性腺已能对一定量的促性腺激素甚至促性腺激素释放激素产生反应。只是此时动物的垂体未能分泌足够的 FSH 和 LH。因此，给予一定量的外源 FSH 和 LH 及其类似物，可达到调控未性成熟雌性动物初情期的目的。

3. 调控初情期的方法 诱发未成熟雌性动物发情和排卵的方法与诱发性成熟乏情雌性动物发情和超数排卵的方法类似，只是用药剂量减少至30%～

70%。小母牛初情期和超数排卵的调控可采取以下两种方案:

(1) FSH 的处理方法。用纯品 FSH 5～7.5 毫克,按递减法分 3 天,上、下午各 1 次,共 6 次,肌内注射(如 5 毫克 FSH,第 1 天 2.5 毫克,第 2 天 1.6 毫克,第 3 天 0.9 毫克)。

(2) PMSG 的处理方法。PMSG 的特点是半衰期长达 120 小时,用作性成熟雌性动物的诱导发情或超数排卵,可能会因作用时间太长而影响效果,而对未性成熟雌性动物如果仅做超排取卵,则影响不大。一次肌内注射 800～1 500 国际单位,4 天后卵泡可发育至成熟阶段,此时可取卵。但 PMSG 刺激雌性动物卵泡发育的效果不如 FSH 稳定。

二、诱导发情

1. 诱导发情的定义与意义　诱导发情(induction of estrus)是对因生理和病理原因不能正常发情的性成熟雌性动物,使用激素和采取一些管理措施,使之发情和排卵的技术。生理性乏情的雌性动物,如季节性发情动物在非繁殖季节无发情周期的情况;哺乳期乏情的各种动物产后乏情等;雌性动物如达到初情期年龄后仍未有发情周期等。

我国的黄牛和水牛很大比例还是采用传统的方法进行小规模饲养、天然放牧、自然哺乳,因此产后乏情期长。通过诱导发情处理,往往可使产后乏情期缩短数十天,可在一定程度上提高母牛的繁殖率,有一定使用价值。此外,若相当数量的母水牛达性成熟年龄后仍未出现发情周期,可能是长期营养低下,身体发育迟缓,卵巢发育缓慢造成的,如能使这部分母水牛发情配种,可很大程度上提高群体的繁殖率。

2. 诱导发情方案

(1) 孕激素处理方法。与孕激素同期发情处理方法相同,常处理 9～12 天。因这些生理性乏情母牛的卵巢都是静止状态,无黄体存在。用孕激素处理后,对垂体和下丘脑有一定的刺激作用,从而促进卵巢活动和卵泡发育。如在孕激素处理结束时,给予一定量的 PMSG 或 FSH,效果会更明显。

(2) PMSG 处理方法。乏情母牛卵巢上应无黄体存在,一定量的 PMSG (750～1 500 国际单位或每千克体重 3～3.5 国际单位)可促进卵泡发育和发情,10 天内仍未发情的可再次如上法处理,剂量稍加大。该方法处理简单,效果明显。

(3) GnRH 处理方法。目前,国产的 GnRH 类似物半衰期长,活性高,有促排卵 2 号（LHRH－A₂）和促排卵 3 号（LHRH－A₃），是经济有效的诱导发情的激素制剂。使用 LHRH－A₃ 时，肌内注射剂量为 25～50 微克，每天 1 次，每个疗程 3～4 天。一个疗程处理后 10 天仍未见发情的，可再次处理。

三、同期发情

同期发情不但用于周期性发情的母牛，而且也能使乏情状态的母牛出现性周期活动。例如，卵巢静止的母牛经过孕激素处理后，很多表现发情；因持久黄体存在而长期不发情的母牛，用前列腺素处理后，由于黄体消散，生殖机能随之得以恢复。因此，可以提高繁殖率。用于母牛同期发情处理的药物种类很多，方法也有多种，但较适用的是孕激素阴道栓塞法以及前列腺素法。

1. 同期发情的概念和意义　同期发情又称同步发情，就是利用某些激素制剂人为地控制并调整一群母畜发情周期的进程，使之在预定时间内集中发情，集中配种。同期发情的关键是人为控制黄体寿命，同时终止黄体期，使牛群中经处理的牛只卵巢同时进入卵泡期，从而使之同时发情。同期发情的意义在于：

（1）有利于推广人工授精。人工授精往往由于牛群过于分散（农区）或交通不便（牧区）而受到限制。如果能在短时间内使牛群集中发情，就可以根据预定的日程巡回进行定期配种。

（2）便于组织生产。控制母牛同期发情，可使母牛配种妊娠、分娩及犊牛的培育在时间上相对集中，便于肉牛的成批生产，从而有效地进行饲养管理，节约劳动力和费用，对于工厂化养牛有很大的实用价值。

（3）可提高繁殖率。用同期发情技术处理乏情状态的母牛，能使之出现性周期活动，可提高牛群繁殖率。

（4）有利于胚胎移植。在进行鲜胚移植时同期发情是必不可少的，同期发情使胚胎的供体和受体处于同一生理状态，使移植后的胚胎仍处于相似的母体环境。

2. 同期发情的机理　母牛的发情周期，从卵巢的机能和形态变化方面可分为卵泡期和黄体期两个阶段。卵泡期是在周期性黄体退化继而血液中孕酮水平显著下降后，卵巢中卵泡迅速生长发育，最后成熟并导致排卵的时期，这一时期一般是发情周期第 18～21 天。卵泡期之后，卵泡破裂并发育成黄体，随即进入黄体期，这一时期一般是发情周期的第 1～17 天。黄体期内，在黄体分泌的孕激素的作用下，卵泡发育成熟受到抑制，母畜不表现发情，在未受精的情况下，黄体维持 15～17 天即行退化，随后进入另一个卵泡期。

相对高的孕激素水平可抑制卵泡发育和母畜发情，由此可见黄体期的结束是卵泡期到来的前提条件。因此，同期发情的关键就是控制黄体寿命，并同时终止黄体期。

现行的同期发情技术有两种：一种方法是向母牛群同时施用孕激素，抑制卵泡的发育和母牛发情，经过一定时期同时停药，随之引起同期发情。这种方法，当在施药期内，如黄体发生退化，外源孕激素代替了内源孕激素（黄体分泌的孕激素），造成了人为黄体期，推迟了发情期的到来。另一种方法是利用前列腺素 $F_{2\alpha}$ 使黄体溶解，中断黄体期，从而提前进入卵泡期，使发情期提前到来。

3. 母牛同期发情处理方案　用于母牛同期发情处理的药物种类很多，处理方案也有多种，但较适用的是孕激素阴道栓塞法、前列腺素法、孕激素和前列腺素结合法。

（1）孕激素阴道栓塞法。栓塞物可用泡沫塑料块或硅橡胶环，包含一定量的孕激素制剂。将栓塞物放在子宫颈外口处，其中激素即渗出。处理结束时，将其取出即可，或同时注射孕马血清促性腺激素。

孕激素的处理有短期（9～12 天）和长期（16～18 天）两种。长期处理后，发情同期率较高，但受胎率较低；短期处理后，发情同期率较低，而受胎率接近或相当于正常水平。如在短期处理开始时，肌内注射 3～5 毫克雌二醇（可使黄体提前消退和抑制新黄体形成）及 50～250 毫克的孕酮（阻止即将发生的排卵），这样就可提高发情同期化的程度。但由于使用了雌二醇，故投药后数日内母牛出现发情表现，但并非真正发情，故不要输精。使用硅橡胶环时，环内附有一胶囊，内装上述量的雌二醇和孕酮，以代替注射。

孕激素处理结束后，在第 2 天、第 3 天、第 4 天内，大多数母牛的卵巢上有卵泡发育并排卵。

（2）前列腺素法。前列腺素的投药方法有子宫注入（用输精器）和肌内注射两种，前者用药量少，效果明显，但注入时较为困难；后者虽操作容易，但用药量需适当增加。

前列腺素处理是溶解卵巢上的黄体，中断周期中的黄体发育，使牛同期发情。前列腺素处理法仅对卵巢上有功能性黄体的母牛起作用，只有当母牛在发情周期第 5～18 天（有功能黄体时期）才能产生发情反应。对于发情周期第 5 天以前的黄体，前列腺素并无溶解作用。因此，用前列腺素处理后，总有少数牛无反应，对于这些牛需做第 2 次处理。有时为使一群母牛有最大限度的同期发情率，第 1 次处理后，表现发情的母牛不予配种，经 10～12 天后，再对全群牛进行第 2 次处理，这时所有的母牛均处于发情周期第 5～18 天。故第 2 次处理后母牛同期发情率显著提高。

用前列腺素处理后，一般第 3～5 天母牛出现发情，比孕激素处理晚 1 天。因为从投药到黄体消退需要将近 1 天时间。

（3）孕激素和前列腺素结合法。将孕激素短期处理与前列腺素处理结合起来，效果优于二者单独处理。即先用孕激素处理 5～7 天或 9～10 天，结束前 1～2 天注射前列腺素。

不论采用什么处理方式，处理结束时配合使用 3～5 毫克促卵泡激素（FSH）、700～1 000 国际单位孕马血清促性腺激素（PMSG）或 25～50 微克促排卵 3 号（LHRH - A$_3$），可提高处理后的同期发情率和受胎率。

同期发情处理后，虽然大多数牛的卵泡正常发育和排卵，但不少牛无外部发情征状和性行为表现，或表现非常微弱，其原因可能是激素未达到平衡状态；第 2 次自然发情时，其外部发情征状、性行为和卵泡发育则趋于一致。尤其是单独用 PGF$_{2\alpha}$处理，对那些本来卵巢静止的母牛，效果很差甚至无效。这种情况多发生在枯草季节、农忙时节及产后的一段时间，本地黄牛和水牛，尤其是后者的可能性大。

四、同期排卵-定时输精

同期排卵-定时输精技术可使一群母牛在一定的时间内完成人工授精，从而提高母牛参配率和妊娠牛比例。

1. 概念　同期排卵-定时输精技术（ovsynch and fixed-time artificial insemination，或 timed artificial insemination，TAI），也称程序化人工授精技术（program artificial insemination，PAI），是在同期发情技术基础上发展的牛繁殖新技术，其原理是利用不同的外源生殖激素或类似物按照一定的程序处理一群母牛，使其在相对集中的时间内同期发情、同时排卵，并在相对固定的时间内进行人工授精。与同期发情相比，同期排卵-定时输精技术不仅重视处理母牛在相对集中的时间内发情，而且更重视处理母牛在相对集中的时间内排卵，即排卵同期化，从而可以在一定的时间内定时人工授精。

2. 同期排卵-定时输精技术的优点　减少发情观察工作；提高参配率，减少未配种母牛比例；提高妊娠率，减少未妊娠母牛比例；便于繁殖管理；治疗卵巢疾病，如辅助治疗卵泡囊肿、持久黄体、排卵延迟等。

3. 同期排卵-定时输精处理程序

（1）GnRH＋PG法。从处理到人工授精共计 10 天，需要 4 次保定处理母牛。妊娠率达 32%～45%（图 5-1）。

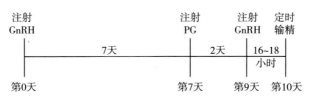

图 5-1　GnRH＋PG 法同期排卵-定时输精程序

（2）孕酮埋植同期排卵-定时输精程序（图 5-2）。

图 5-2　孕酮埋植同期排卵-定时输精程序

（3）GnRH 替代物处理程序。利用与 GnRH 具有相同生理作用的激素代促排卵 3 号（LHRH－A_3）代替 GnRH 同期处理。LHRH－A_3 具有 GnRH 的生理作用，价格较低（图 5-3）。

图 5-3　LHRH－A_3 替代 GnRH 同期排卵-定时输精程序

五、超数排卵

超数排卵简称超排，就是在母畜发情周期的适当时间注射促性腺激素，使卵巢比自然状况下有更多的卵泡发育并排卵。

1. 超排的意义

（1）诱发产双胎。牛1个情期一般只有1个卵泡发育成熟并排卵，人工授精后只产1头犊牛。进行超排处理，可诱发多个卵泡发育，增加受胎比例，提高繁殖率。

（2）胚胎移植的重要环节。只有能够得到足量的胚胎才能充分发挥胚胎移植的实际作用，提高应用效果。所以，对供体母畜进行超排处理已成为胚胎移植技术程序中不可或缺的一个环节。

2. 超排方案　用于超排的药物大体可分为两类：一类促进卵泡生长发育；另一类促进排卵。前者主要有孕马血清促性腺激素和促卵泡激素；后者主要有人绒毛膜促性腺激素和促黄体生成素。超排的方案目前主要选用以下几种：

（1）使用促卵泡激素（FSH）进行超排。需在牛发情周期的第9～13天的任意一天开始注射FSH。以后以递减剂量的方式连续肌内注射4天，2次/天，每次间隔12小时，总剂量需按牛的体重做适当调整。在第1次注射FSH后的48～60小时，肌内注射1次$PGF_{2\alpha}$，2～4毫升。也可采用子宫灌注的方法，剂量减半。

（2）使用孕马血清促性腺激素（PMSG）进行超排。需在发情周期的第11～13天的任意一天肌内注射1次。在注射PMSG 48～60小时后，肌内注射1次$PGF_{2\alpha}$，2～4毫升。当母牛出现发情后，12小时后再肌内注射抗PMSG，剂量以能中和PMSG的活性为准。

（3）采用孕酮阴道硅胶栓（CIDR）和FSH联合超排。CIDR是促使动物发情的药物。具体用法是：在母牛的阴道内插入孕酮阴道硅胶栓，并在埋栓的第9天开始注射FSH，共4天；第11～12天撤栓；在撤栓前约24小时内注射前列腺素，并观察发情表现，输精2次。

（4）采用FSH+PVP+$PGF_{2\alpha}$联合用药法。在牛发情第9～13天一次肌内注射FSH-PVR（30毫克FSH溶解在10毫升30％的PVP中），隔48小时后肌内注射$PGF_{2\alpha}$，再经过48小时后人工授精。由于PVP是大分子聚合物（相对分子质量为40 000～700 000），用PVP作为FSH的载体，与FSH混合注射，可使FSH缓慢释放，从而延长FSH的作用时间，一次性注射FSH即可达到超排的目的。研究表明，FSH制剂用PVP溶解进行一次注射超排时，其在母牛体内的半衰期可延长到大约3天，而溶解在盐水中进行一次注射超排时，其半衰期仅为5小时左右。用此法不但可延长FSH的半衰期，提高FSH的作用效果，而且一次注射还可有效避免母牛产生应激反应，是较理想的超排方法，只是该方法目前还不太成熟。

六、诱导双胎

1. 母牛扩繁的市场需求　　目前，我国肉牛产业发展的瓶颈是繁殖母牛存栏不足。繁殖母牛数量急剧下降已经成为我国肉牛产业可持续发展的最大障碍，必须尽快对其进行研究进而遏制，并较快恢复；否则，我国肉牛产业的可持续发展道路将会遇到牛源短缺的尴尬局面。当前，充分利用有限繁殖母牛进行肉牛繁殖的新型繁育技术对肉牛产业发展非常重要。

肉牛的一胎双犊自然发生率因牛品种不同而异，西门塔尔牛为 5.2%，夏洛来牛为 6.6%，我国黄牛为 0.5%～3.0%。牛一胎双犊的遗传力很低，目前通过选种以提高双胎率的尝试尚未取得突破，诱导双胎技术还处在试验阶段。诱导一胎双犊的方法主要为激素方法或人工授精后胚胎移植方法。激素方法是指应用一定剂量的孕马血清促性腺激素（PMSG）、氯前列烯醇、促卵泡激素（FSH）、人绒毛膜促性素激素（HCG）、促排卵 3 号（LHRH - A$_3$）等，通过不同的组合和程序，诱导母牛产生双卵同时排放，经人工授精或本交而生成双胎。

2. 肉牛双胎生产技术应用的可行性

（1）母牛生理特征有利于进行双胎生产。母牛在自然状态下为单胎生殖，但其具有双卵巢和双子宫角，双卵巢和双子宫角在生殖方面具有相同的功能。这一繁殖特性为人工辅助技术进行双胎生产奠定了良好的生理基础。

（2）双胎犊牛生长发育正常，适于实施肉牛扩繁。自然双胎和人工辅助双胎犊牛的初生重比单胎犊牛小，通过哺乳期和青年期培育，商品化阶段体重与单胎犊牛基本一致，差异不显著。一胎双犊牛的初生重、1 月龄重、3 月龄重与单胎犊牛相比，均显著或极显著的低于后者，但 6 月龄重两者无差异。6月龄时单胎犊牛与双胎犊牛体重无明显差异，可能是因为 3 月龄后犊牛对饲草饲料等的消化功能增强、采食量增加，日增重快速增长。

（3）双胎生产的理论和技术有一定基础，实施前景良好。双胎生产的理论基础是生殖激素调控技术、人工授精技术、超数排卵技术、胚胎移植技术和性别控制技术，通过这些成熟技术的组装配套可达到人工辅助双胎生产的目的。

3. 诱导双胎的方法

（1）遗传选择法。肉牛的双胎性状是可由其基因型所决定的，因而双胎性状是可以遗传的，但母牛双胎的遗传力很低。因此，积极引进携带双胎基因的肉牛品种用于育种和改良整体牛群，通过杂交、后裔测定、分子遗传标记等方法和手段，确定该性状的遗传模式，并分离、固定、转移双胎基因，改变肉牛繁殖性能，具有十分重要的现实意义和巨大的潜在经济效益。

（2）促性腺激素法。超排的效果受肉牛遗传特性、体况、营养、年龄、发情周期的阶段、产后时期的长短、卵巢功能、季节，以及激素制品的质量和用量等多种因素的影响。肉牛超排常用的激素有孕马血清促性腺激素（PMSG）、促卵泡激素（FSH）等。一般在发情周期的第12～13天注射PMSG。PMSG处理可与同期发情处理结合，达到提高双胎率的目的。如使用FSH，一般采用递减法，连续注射3～4天，上、下午各1次，皮下注射或肌内注射，如使用孕激素阴道栓同期发情处理，可在撤栓的前2天开始注射，连续3～4天，FSH总量不变。

（3）生殖激素免疫法。生殖激素免疫是现代高新生物工程技术，是在免疫学、生物化学、内分泌学等学科基础上兴起的技术。生殖激素免疫的基本原理是以生殖激素作为抗原对动物进行主动免疫或被动免疫，中和其体内相应的激素，可使其体内某些激素的水平发生改变，从而引起生殖内分泌的动态平衡发生定向移动，引起母牛的各种生理变化，达到人为控制生殖的目的。在人工诱导母牛双胎的生产中，经常将甾体激素和抑制素作为免疫原。

①甾体激素免疫法。将小分子质量的甾体激素与大分子蛋白质结合成有抗原性的甾体蛋白复合物，再结合免疫佐剂主动或被动免疫动物。目前，常用的抗原主要有睾酮、雄烯二酮和雌激素、孕激素等。睾酮较常用，而且效果明显。

②抑制素免疫法。抑制素是由 α、β 两个亚单位（又称亚基）构成的异二聚体蛋白，β亚基又分A、B两种，不同种属动物抑制素结构极为相近，具有很强的同源性。抑制素是反馈性抑制FSH分泌的主要因素。用各种来源的抑制素免疫原主动或被动免疫母牛均可使体内FSH水平升高，提高排卵率。

（4）胚胎移植法。利用胚胎移植技术向已输精母牛黄体同侧或对侧追加1枚同日龄胚胎，或向发情母牛两侧子宫角各移1枚或向一侧移2枚同期化胚胎，使母牛怀双胎。

4. 肉牛双胎生产集成技术应用展望及需注意的问题　双胎生产是对肉牛繁育体系的补充，也是突破繁殖母牛数量瓶颈的有效手段。肉牛双胎生产受胎率可达30%～45%，是自然双胎的50倍，相当于将适于单胎生产的母牛的数量提高了 30%~45%，可有效提高母牛繁殖率。

若每头母牛用药成本控制在 200 元，按 30% 的双胎率，双胎生产成本可以控制在 500~1 000 元，断奶犊牛市场售价可达 5 000~8 000 元/头。

肉牛双胎繁育技术的成熟及推广应用将是当代肉牛产业转型过程中的新亮点。本方法对操作技术要求高，是一种高技术、高投入、高效益的肉牛繁育技术，在生产中可以规模化推广应用的技术。

由于肉用犊牛的价格已经很高，实施肉牛双胎生产的时机、条件已经成熟。但牛的双胎性属于阈性状，受很多因素影响，只有适宜的环境条件下才能表现为双胎的表型。另外，双胎生产过程对繁殖母牛的生殖机能进行了干预，容易出现子宫感染、多胎综合征、卵巢囊肿和黄体囊肿、流产、早产、犊牛成活率低等情况。存在的这些问题需以集成配套技术手段解决，且在推广应用前选择在有条件的规模养殖场试验示范，完善相关技术操作规程后再在生产中应用。

七、胚胎移植

(一) 胚胎移植的意义

选用良种母牛进行激素处理，使其卵巢上有多个卵泡生成（即进行超排），再用优秀的种公牛精液进行人工授精，然后将受精后的早期胚胎从子宫中取出，分别移植到多头生理状态相同的仅有一般生产性能的母牛子宫内让其妊娠，最后产出多头优良后代，这就是通常所说的"借腹怀胎"。

牛是单胎动物，自然状态下一胎只能产一犊，若按照牛繁殖年龄 10 岁计算，其一生最多只能生 7~8 头犊牛，而利用胚胎移植技术可以克服自然条件下牛繁殖周期和繁殖效率的限制，其繁殖后代的速度是自然状态下的十几倍甚至几十倍，从而快速增加良种牛的数量。胚胎移植技术在生产上的意义主要有以下 3 个方面：一是能充分发挥良种母牛的繁殖潜力。二是可以加快牛群质量的改良，加速良种牛数量的增长。在生产上能够较快、较多地获得优良后代。三是缩短种公牛选育时间。

(二) 胚胎移植的生理基础及操作原则

1. 胚胎移植的生理基础

(1) 母牛发情后生殖器官的孕向发育。母牛发情后，卵巢处于黄体期，无论卵子是否受精，母牛生殖系统均处于卵子受精后的生理状态，为妊娠做准备，即母牛生殖器官孕向发育。母牛生殖器官的孕向发育使不配种的受体母牛可以接受胚胎，并为胚胎发育提供各种主要生理学条件。

（2）早期胚胎的游离状态。胚胎在发育早期有相当一段时间（附植之前）是独立存在的，未和子宫建立实质性联系，在离开母体后能短时间存活。当放回与供体相同的环境中，即可继续发育。

（3）胚胎移植不存在免疫问题。一般在同一物种之内，受体母畜的生殖道（子宫和输卵管）对于具有外来抗原物质的胚胎和胎膜组织并没有免疫排斥现象，这一点对胚胎由一个个体移植给另一个个体后的继续发育极为有利。

（4）受体不影响胚胎的遗传基础。虽然移植的胚胎和受体子宫内膜会建立生理上和组织上的联系，从而保证了以后的正常发育，但受体并不会对胚胎产生遗传上的影响，不会影响胚胎固有的优良性状。

2. 胚胎移植的操作原则

（1）胚胎移植前后所处环境要保持一致，即胚胎移植后的生活环境和胚胎的发育阶段相适应，包括生理和解剖位置。

（2）胚胎收集和移植的期限。胚胎收集和移植的期限（胚胎的日龄）不能超过发情周期黄体的寿命。最迟要在发情周期黄体退化之前数日进行移植。通常是在供体发情配种后3~8天收集和移植胚胎。

（3）在全部操作过程中，胚胎不应受到任何不良因素（物理、化学、微生物）的影响而危及其生命力。移植的胚胎必须经鉴定并认为是发育正常者。

（三）胚胎移植的基本程序

胚胎移植的基本程序包括供体超排与配种、受体同期发情处理、采胚、检胚和移植。关于超排和同期发情处理前面已提到，下面只介绍采胚、检胚和移植。

1. 采胚　胚胎的收集是利用冲胚液将胚胎由生殖道中冲出，并收集在器皿中。由供体收集胚胎的方法有手术法和非手术法两种。目前，牛一般用非手术法。

冲胚一般在输精后6~7天进行，采用二路式导管冲胚管。它是由带气囊的导管与单路管组成，导管中一路用于气囊充气，另一路用于注入和回收冲胚液。受精卵在输卵管中下降示意图见图5-4，冲胚示意图见图5-5，冲胚现场见图5-6。冲胚程序如下：

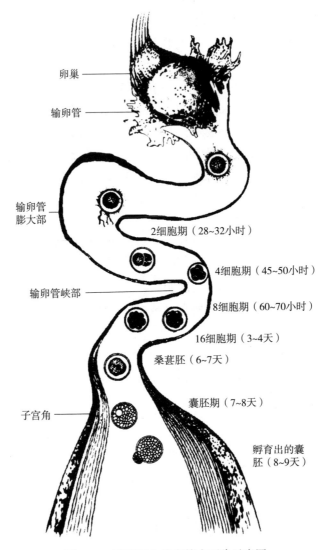

卵巢

输卵管

输卵管
膨大部

2细胞期（28~32小时）

4细胞期（45~50小时）

输卵管峡部

8细胞期（60~70小时）

16细胞期（3~4天）

桑葚胚（6~7天）

囊胚期（7~8天）

子宫角

孵育出的囊
胚（8~9天）

图 5-4 受精卵在输卵管中下降示意图

（1）洗净外阴部并用乙醇消毒。用扩张棒扩张子宫颈，用黏液抽吸棒抽吸子宫颈黏液。

（2）用2％普鲁卡因或利多卡因5毫升，在荐椎与第1尾椎结合处或第1尾椎与第2尾椎结合处施行硬膜外腔麻醉，以防止子宫蠕动及母牛努责不安。

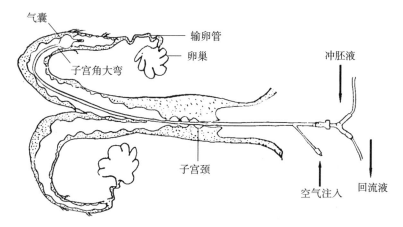

图5-5　冲胚示意图

（3）通过直肠把握法，把带钢芯的冲胚管慢慢插入子宫角，当冲胚管到达子宫角大弯处，由助手抽出钢芯5厘米左右，继续把冲胚管向前推。当钢芯再

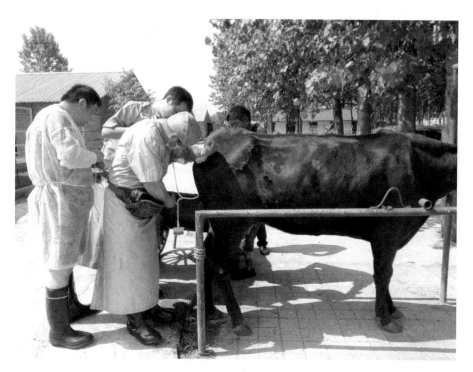

图5-6　冲胚现场

次到达大弯处时，再把钢芯向外拔 5～10 厘米，继续向前推冲胚管，直到冲胚管的前端到达子宫角前 1/3 处为止。

（4）从充气管向气囊充气，使气囊胀起堵着子宫角，以防止冲胚液倒流，固定后抽出钢芯，然后向子宫角注入冲胚液，每次 20～50 毫升，冲洗 5～6 次，并将冲胚液收集在带漏网的集卵杯内。为充分回收冲胚液，在最后一两次时可在直肠内轻轻按摩子宫角。最后一次注入冲胚液的同时注入适量空气，以利于液体排空。

（5）两侧子宫冲完后，将气囊内的空气放掉，把冲胚管抽回至子宫体，直接从冲胚管灌注稀释好的抗生素和前列腺素，再拔出冲胚管，可起到消炎和消黄体的作用。

2. 检胚

（1）检卵。将收集的冲胚液于 37℃ 温箱内静置 10～15 分钟。胚胎沉底后，移去上层液。取底部少量液体移至平皿内，静置后，在实体显微镜下先在低倍（10～20 倍）镜下检查胚胎数量，然后在高倍（50～100 倍）镜下观察胚胎质量（图 5-7）。

（2）吸胚。吸胚是为了移取、清洗、处理胚胎，要求目标准确、速度快、带液量少、无丢失。吸胚可用 1 毫升的注射器装上特别的吸头进行，也可使用自制的吸胚管（图 5-8）。

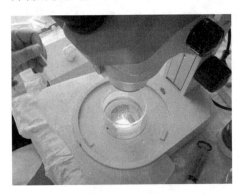

图 5-7　检胚　　　　　　　　　图 5-8　吸胚

（3）胚胎质量鉴定。正常发育的胚胎，卵裂球外形整齐、大小一致、分布均匀、外膜完整。无卵裂现象（未受精）和异常卵（透明带破裂、卵裂球破裂等）都不能用。7 日龄胚胎见图 5-9。

图 5-9　7 日龄胚胎

（4）用于移植。用形态学方法进行胚胎质量鉴定，将胚胎分为 A、B、C 3 个等级，A 级胚胎用于移植。

（5）装管。胚胎管使用 0.25 毫升细管。进行鲜胚移植时，先吸入少许培养液，吸一个气泡，然后吸入含胚胎的少许培养液，再吸入一个气泡，最后再吸取少许培养液。

胚胎需进行冷冻保存时，装管模式见图 5-10。

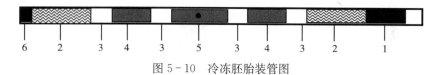

图 5-10　冷冻胚胎装管图

1. 棉栓　2. 解冻液　3. 空气　4. 冷冻液　5. 含有胚胎的冷冻液　6. 封口

3. 移植　移植胚胎一般在受体母牛发情后第 6～7 天进行。移植前需进行麻醉，通常用 2% 普鲁卡因或利多卡因 5 毫升，在荐椎与第 1 尾椎结合处或第 1 尾椎与第 2 尾椎结合处施行硬膜外腔麻醉。将装有胚胎的吸管装入移植枪内，用直肠把握法通过子宫颈插入子宫角深部，注入胚胎。应将胚胎移植到有黄体一侧子宫角的上 1/3～1/2 处，如有可能则越深越好。非手术移植要严格遵守无菌操作规程，以防生殖道感染。

牛用非手术移植。非手术移植一般在发情后第 6～9 天（即胚泡阶段）进行，采用胚胎移植枪和 0.25 毫升细管移植的效果较好。先吸入少许培养液，吸一个气泡，然后吸入含胚胎的少许培养液，再吸入一个气泡，最后再吸取少许培养液。将装有胚胎的吸管装入移植枪内，用直肠把握法通过子宫颈插入子宫角深部，注入胚胎（图 5-11、图 5-12）。

图 5-11　移植胚胎现场

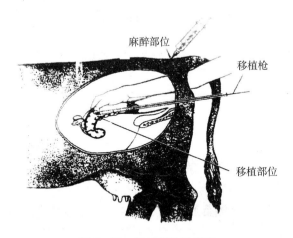

图 5-12　移植部位示意图

（四）胚胎的安全生产与防疫

1. 牛体内胚胎生产的全程质量控制

（1）建立严格的技术管理体系。

①制订严格的规章制度和操作规程。严格的技术管理是质量控制分析的基础，必须制定切实可行的供体饲养管理制度、卫生防疫制度、实验室规章制度、各类人员岗位责任制度、技术档案资料管理制度及胚胎移植技术操作规程，胚胎生产中应严格执行各种规章制度和操作规程。

②要有完整的系谱原始记录和生产性能统计分析资料。质量控制的重要信息来自对记录的研究和分析。记录不必很复杂，但必须完整。对于所使用的药品和化学试剂必须记录下生产厂家、规格、批号、生产日期，因为许多产品（如 FSH、石蜡油）不同批次之间的性能也不相同。对于人工授精、发情鉴定、胚胎评定这样的程序，由于个人的主观性和技术水平差异很大，还应把操作人员记录下来。

（2）供体牛的选择和处理。

①供体牛的选择。供体牛必须符合本品种标准，并进行生产性能测定和遗传评定，达到一级标准，且三代系谱清楚。保证受体的健康状况是质量控制的关键。供体牛来自非疫区，健康状况符合家畜胚胎移植技术规程的要求。所选择的供体牛必须无以下疾病：结核病、布鲁氏菌病、地方性牛白血病、牛病毒性或黏膜性疾病。同时，还应接种过预防牛鼻气管炎、口蹄疫、钩端螺旋体等传染性疾病的疫苗。

②子宫的净化。供体牛子宫是胚胎早期发育的场所，如果有炎症，不但影响胚胎的发育，还会使胚胎早期受到感染，造成传染病的垂直传播。对供体牛子宫进行严格的净化处理，对提高胚胎的数量和质量及其移植效率非常重要。

③供体牛的饲养管理。供体牛的繁殖状况可以在适当的时候通过触摸卵巢和研究发情间隔来判定。当管理或气候条件不是很理想的时候，要定期检测牛乳或血液中的孕激素水平，这样可以知道各种应激因素对发情效率的影响，同时也可获取孕激素的正常变化曲线，为适时进行超排提供依据。

对供体牛进行定期称重可以获得较好的营养方面的质量控制信息。应根据不同的营养状况对供体牛进行营养调控，膘情较差者提前补饲，增强机体机能；肥胖者要适当减料使之掉膘，以达到繁殖最佳状况，但都需供给充足的青绿饲料，并补充维生素 A、维生素 D、维生素 E 及亚硒酸钠，以保证胚胎的质量。

④同期发情处理。当用 CIDR 进行同期发情处理时，应无菌操作，谨防阴道感染。埋植 CIDR 时先将外阴洗净消毒，用酒精棉球擦干。CIDR 埋植前用高锰酸钾水溶液消毒后，再均匀地裹上一层土霉素。埋植后要定时检查，如有

脱落的,用酒精棉球擦净(不能用水洗),再裹上土霉素后埋上。

⑤超排处理。超排药品的使用剂量要准确,当用量过大时,不但影响胚胎生产的数量,还会影响胚胎的质量。

⑥配种。精液本身的质量控制由生产精液的单位负责,如精液的运输和储存、精液解冻等方面与精液质量密切相关。如果使用的冷冻精液是颗粒冷冻精液而不是细管冷冻精液,还须防止液氮中有毒杂质对精子的损害。

在进行人工授精时,除严格遵守无菌操作规程外,还要注意所用精液的生物安全性,如果精液受污染,一是影响胚胎的形成和发育;二是造成疾病传播。无论是精液本身已被污染还是输精时受到污染,都会影响胚胎的形成和发育。

(3)冲胚准备。

①器具灭菌。用于冲胚、检胚、移胚整个过程中的所有仪器都必须用各自适宜的灭菌方法进行灭菌。对于耐高温而不宜直接接触蒸汽的金属、玻璃仪器,如冲胚管钢芯、扩张棒、移植枪、配种枪、巴斯德氏吸管等玻璃制品以及各种金属器具进行干烤灭菌;对于金属器具以及允许与蒸汽接触的橡胶、玻璃器械进行高压蒸汽灭菌,石蜡油、吸水纸及熔点在125℃以上的塑料制器皿(如离心管、吸头、小型过滤器)也可用此法灭菌;对于不宜加热的器具,如冲胚管、塑料培养皿、集卵杯、塑料吸管、移植器塑料外套及套膜等须进行气体灭菌;而紫外线灭菌主要用于实验室、冲胚室等场所的空气灭菌,也可用于一些塑料制品的灭菌,如在无条件使用气体灭菌时,对冲胚管、集卵杯、塑料吸管、移植器塑料外套及套膜等可以使用紫外线灭菌。对器具是否是无菌状态,可用培养液清洗并对清洗液进行培养来确定。

②溶液的配制与处理。对配制的溶液至少要检查pH和渗透压,一定程度上的pH异常表明配方是错误的或药品质量较差,因为pH并不是杀死胚胎的主要因素,因此不能靠调整pH来解决问题。如果怀疑溶液有问题,应弃之不用。在配制大批量的溶液时,有条件的实验室可通过培养2细胞的小鼠胚胎来检查其毒性。

对冲胚液、Tris液的灭菌应使用高压蒸汽灭菌法,而血清、BSA、胰酶、透明质酸酶等在高温下容易变性或者分解,不能进行高压蒸汽灭菌,需用0.22微米的滤膜进行过滤灭菌。对需要保存一段时间的溶液,应添加适量抗生素。为防止污染和变质,应把溶液按各自的最小使用量进行分装,然冷藏(4℃)或冷冻(-20℃以下)保存,溶液一经解冻就不要再重复冻存。

（4）冲胚。

① 确保器具无毒。与胚胎接触的任何东西不但要无菌，而且还应无毒。与胚胎接触的大部分物品的毒性可用不同的方法进行处理。如果存在有毒的渣滓，在使用前要用无菌的冲胚液或 0.9％的生理盐水清洗。注射器、冲胚管、细菌过滤器、各种橡胶管和细管使用前都应该清洗。还应注意消毒时残留的消毒液所带来的毒性。

②供体牛的清洁消毒。牛体粪便较多，带有大量细菌和病毒，在冲胚前要进行清洁和消毒，尤其是外阴部，应用浸透消毒肥皂液的毛巾擦拭，最后用乙醇消毒，再插入冲胚管。对供体牛的保定和麻醉要确实有效，以防止牛体在操作中乱动造成尘埃飞散和器具的污染，如果麻醉不完全，供体牛频繁排粪会严重污染冲胚管。

③冲胚过程中应采取的生物安全措施。整个冲胚过程中，保定牛、剪毛麻醉、清洁消毒外阴部、辅助插管、打气等属于有菌操作，而准备扩张棒、黏液抽吸棒、冲胚管、注射器，以及吸冲胚液、灌注冲胚液等过程属于无菌操作，应严格区分开，分别由不同的人员进行操作。

在扩张子宫颈和抽吸黏液时，所使用的子宫颈扩张棒和黏液抽吸棒须套上塑料外套。

在连接冲胚装置的各个接口时，操作人员要先用消毒肥皂液洗净双手，然后用酒精棉球消毒后再开始操作。在冲胚时，应尽量保证抽取冲胚液是无菌操作。

（5）检胚和冻胚。

①实验室人员应具有很强的无菌操作意识。虽然对冲胚室、冲胚器具、供体牛进行过灭菌和消毒，但如果实验室人员不能严格进行无菌操作，仍然会造成污染，因此实验室人员应严格按照操作规程进行无菌操作，并培养无菌操作意识。保持实验室内无菌环境，在操作中，凡是与手、身体的一部分或实验台相接触，有可能被污染的器具，或不能确认经过灭菌处理的器具药品，以及不能确认有效期的药品都不要用。

采胚结束后，迅速将集卵杯通过小窗口转移到实验室，由专门的人员进行实验室无菌操作。检胚所使用的巴斯德氏吸管要事先进行灭菌处理，在使用之余，要随时把吸管放入灭菌的试管内。把胚胎保存液、冷冻液分注到四孔板中时，要把瓶口放在酒精灯火焰上进行灭菌。

②胚胎的清洗。在胚胎装管移植或冷冻以前，要清洗 10 次，以预防微生

物污染。清洗胚胎时，可先吸些培养液吹向卵的周围，使卵在液滴中翻腾以清除卵周围的粘连物，每次冲洗后，需换一支新的吸胚管将胚胎移到另一个培养液滴内。透明带完整的受精卵经过 10 次洗净操作，可除去污染的微生物。但某些病原体与透明带结合得非常牢固，冲洗也去不掉，这种情况可通过用胰酶处理除去。先用不含 Ca^{2+} 和 Mg^{2+} 而含 0.4％牛血清白蛋白的 PBS 缓冲液清洗 5 次，然后用 0.25％的胰酶处理 2 次，共 60～90 秒钟，最后再用 20％血清的 PBS 清洗 5 次。

③胚胎的质量鉴定。胚胎的质量鉴定内容包括胚胎来源、级别、种用价值、优劣及安全性评估。目前，胚胎质量最常用的评估方法为形态观察，评价标准分为两个方面：一方面是胚胎的形态；另一方面是胚胎的发育阶段与授精的时间。胚胎形态标准包括胚胎的形状、细胞质的颜色、细胞数量和紧缩程度、卵周隙的大小、受挤压或退化细胞数等。在授精后一定的时间内，胚胎的实际发育阶段与应该发育到的阶段吻合与否，是鉴定胚胎活力更可靠的形态学标准。

（6）动物福利方面的考虑。在操作过程中，要考虑供体牛和受体牛的生理需要，以及生理紧张对胚胎生产造成的影响。生理紧张（包括恐惧）造成的原因有运输、视觉隔离、陌生人出现和保定处理等。生理紧张可引起促肾上腺皮质激素（ACTH）的分泌，从而使血浆皮质醇浓度增加，可延迟、减少或抑制发情表现，降低雌二醇的浓度，进而使排卵数降低。任何激活 ACTH 反应的激素，包括子宫和乳腺内高水平的内毒素，都能抑制排卵前促黄体生成素（LH）的生成释放。所以，要求在胚胎生产操作过程中，保定牛要适度，保持牛安静，无厌恶行为。

供体牛的恐惧可通过以下方法减弱或消除：超数排卵处理前使供体牛经常与操作人员和所用器具等接触，在胚胎收集过程中尽量减少参与人员，并保证它能看到其他牛，操作过程在牛熟悉的房间或地方进行。这样能保证牛的安静，获得高质量的胚胎。减弱或消除受体牛的生理紧张，既可使移植顺利，又可提高受胎率。

2. 体外生产胚胎的质量控制　体外生产胚胎即通过屠宰场收集卵巢取卵或通过活体采卵，再利用体外受精技术获得胚胎的过程。体外生产的胚胎从形态和生理上与体内获得的胚胎有一定差别，如体外受精胚胎紧密性差，细胞数目较少。胚胎的透明带比体内自然生产的胚胎透明带脆弱，因而其抵抗外界病原侵入的能力较差。另外，体外受精过程中，卵子、精子、胚胎，以及保存、培养用液与病原体接触的机会比体内胚胎大得多，所以体外生产胚胎的质量控制就更为重要。

（1）卵母细胞来源及质量的控制。利用体外受精技术生产胚胎，卵母细胞来源有屠宰场卵巢取卵和活体采卵。从屠宰场卵巢获得的卵母细胞，往往存在供体系谱、健康状况记录不全或未知等问题，生产的胚胎应该禁止进行贸易交流。如果采用屠宰场卵巢取卵生产胚胎，应遵循以下几点原则：

① 为了根除和控制疾病，有结核病、布鲁氏菌病、传染性鼻炎病史的母牛不能作供体。

②屠宰场应在兽医检疫部门监控之下进行检查，包括生前和宰后的检查。

③收集卵巢的实验人员在屠宰场必须遵守有关的卫生规则。

④卵巢及其他组织必须在无菌条件下运输。

⑤在确保卵巢及其供体无问题时，才可进入体外受精实验室，采卵及以后操作均在无菌间或超净工作台进行。

⑥做好采卵及实验室内一系列工作记录。

通过活体采取卵母细胞时，要做好供体牛的清洁消毒工作，尤其是外阴部，应用浸透消毒肥皂液的毛巾擦拭，最后用乙醇消毒，再插入持针器及采卵针。对供体牛的保定和麻醉要确实有效，防止牛在操作中乱动造成尘埃飞散和器具的污染；如果麻醉不完全，频繁排粪会严重污染持针器及采卵针。在插入持针器时，由助手扒开外阴部，术者将持针器插入阴道内，注意不要碰到外阴部，以防将阴道前庭部的微生物带入子宫。在采卵过程中应尽量减少针刺对卵巢的损伤，避免污染，以提高母牛的连续活体采卵次数和利用率。真空泵抽吸负压不能太大，以免裸卵过多，一般在 100 毫米汞柱*左右。

（2）精子质量的控制。在精液的提纯和获能过程中避免对精液造成损害和污染。体外受精过程中，在精子使用之前，常常去除精浆，并进行洗涤以促进其运动能力和受精能力。应用抗生素时，采用"上浮法"可有效地从精液中去除细菌。

（3）体外生产胚胎基础培养液及培养体系。体外生产胚胎过程中，所有培养液、溶液、血清和添加物必须无污染和不含微生物，使用前用 0.22 微米的微孔滤膜进行过滤。血清、激素和其他添加物进行严格检查，以辨别是否含有病毒，尤其是胎牛血清，常常有牛腹泻病毒和牛鼻炎病毒。

＊ 毫米汞柱为非法定计量单位。1 毫米汞柱＝133. 322 368 4 帕。——编者注

（4）体外生产胚胎的环境控制。体外生产胚胎的环境控制主要是指相应的建筑的设计。适宜的建筑即实验室布局不仅有利于工作的完成，而且也是安全生产胚胎的关键。采卵室、实验室、培养室、缓冲间、洗刷和灭菌室、储存室，布局要合理，内部设计要规范。

（五）提高胚胎移植综合效益的综合措施

提高牛胚胎移植规模化、商业化运作的经济效益，不仅仅依靠胚胎的生产和移植技术水平的提高，还需制订系列的操作方案。需从供体牛的选择与处理、提高胚胎生产效率、利用活体采卵技术和体外受精技术进行胚胎工厂化生产、提高移植受胎率等方面，分析制订提高牛胚胎移植效益的操作方案。

1. 供体牛的选择与处理

（1）供体牛的选择方案。

① 在选择胚胎移植供体牛时，要对牛进行严格检查，尤其是繁殖系统的健康状况。在进行连续超排时，尽量选择上次超排效果好的牛，两次超排效果都不好的牛，以后不再使用。产奶高峰期的牛，处于营养负平衡状态，对超排激素的反应不敏感；还可能与高蛋白日粮有关，超排效果往往不是很理想，不能作为供体选择。

②利用育成母牛生产胚胎。母牛的初配年龄一般比性成熟晚4～7个月，以体重达到成年体重的70％时为宜。利用这一阶段，可以安排两次体内胚胎的生产，一般不会影响正常的配种程序。但利用育成牛冲胚的难度要比经产牛稍大，对操作者的技术要求更高，需安排操作技术相对熟练的技术员冲胚。

（2）对供体牛进行营养调控。供体牛的营养状况直接影响胚胎的质量。营养供应量能够影响牛卵泡的生长和卵母细胞的质量，因此制订统一的饲养规程有助于得到均衡一致的优质胚胎。日粮配方能够显著改变体内尿素和氨的循环水平，而且瘤胃中可降解氮的过剩或营养失调能引起胚胎成活力下降，因此应选择一种不会产生过量瘤胃氨的日粮，从而避免卵泡内卵母细胞接触高浓度的有杀伤力的细胞毒素。

（3）供体牛子宫的净化处理和隐性子宫内膜炎的检测。由于患隐性子宫内膜炎的母牛常不表现临床症状，直肠检查及阴道检查也不容易发现异常变化，发情周期正常，发情时子宫排出的分泌物较多，有时分泌物略微混浊。对初步选择的供体牛要进行普遍的子宫净化。进行同期发情后，进行隐性子宫内膜炎的检测，呈阳性的不能作为供体牛。

2. 提高胚胎生产效率

（1）冲胚之前抽取子宫颈黏液。在冲胚时，如果子宫颈黏液或血凝块黏堵在冲胚管出水孔处，当向子宫内注入冲胚液时，在压力的作用下，可以冲开黏堵在孔处的黏液或血凝块，但冲胚液的回流仅靠虹吸作用冲不开这些黏液或血凝块，致使冲胚液积在子宫内排不出导致冲胚失败。同时，对子宫造成一定损伤，在子宫内充满积液的情况下，再注入冲胚液，还会导致冲胚液从输卵管冲出，给输卵管造成损伤。在冲胚前对母牛子宫颈的黏液进行抽取，一是减少黏液堵塞冲胚管造成冲胚液回流不畅的情况发生，从而提高胚胎的回收率；二是可以保证冲胚时冲出的溶液清亮透明利于检胚。

目前所使用的牛子宫颈黏液抽吸棒末端的小孔棱角边缘锋利，容易损伤子宫颈，甚至出血，给牛造成伤害，也给后续的检查、冲胚造成不便。新型牛子宫颈黏液抽吸棒，改进了打孔方法，使孔呈凹形保证小孔棱角边缘钝化，从而减少对子宫颈的损伤，保证冲胚顺利进行，提高胚胎回收率。

（2）及时消除直肠空洞造成的操作障碍。在冲胚和移胚时，发生直肠充气是一种较为常见的现象。由于手术前注射麻药后，直肠灵敏度降低，牛根本不能自行排气，在有空气进入直肠时容易造成直肠充气，形成空洞。此时，导致直肠壁很硬，不能准确把握子宫，无法继续工作，这时就需要用牛直肠抽气装置进行人工排气。

（3）制订细致的操作规范。在制订各项操作规范时，要准确到位，可操作性强，并强调注意事项，以免造成不必要的损失，尤其要注意以下事项：

①超排药品的使用剂量要准确。当用量过大时，不但影响胚胎生产的数量，还会影响胚胎的质量。

②输精的次数要适当。超排供体牛输精并非次数越多越好，因为精液是由蛋白质组成的，本身就是一种抗原，输进母牛体内以后必然激发其产生抗体，排出这些异物。多输精1次就增加1倍的抗体量，所以在正常情况下以输精2次为宜，输精间隔10～12小时。超排后每次配种时，需同时往两侧子宫角各输一支，需严格执行无菌操作规范，否则在输第2支时容易造成污染。

③配种时严禁用手触摸卵巢。检查超排效果不能在输精时去摸卵巢的卵泡来判定，而是在冲胚前（或前1天）直肠检查牛的卵巢黄体个数来确定。

④冲胚液的量要把握好。尤其是第1次冲胚液的量要把握好，如果量太大，会将胚胎及液体从输卵管冲出，冲胚无法进行，也会对输卵管造成损伤。

3. 利用活体采卵技术和体外受精技术进行胚胎工厂化生产

（1）活体采卵供体牛的选择。选择活体采卵供体牛时，应主要从以下几个生理时期的母牛中选择：14 月龄以上发情周期正常的青年牛和成母牛；分娩后恢复发情周期的哺乳母牛；人工授精后 3～4 周未出现返情的母牛或妊娠 3 个月以上的母牛。

（2）活体采卵间隔时间的安排。母牛每周采卵 1～2 次。可间隔 3～4 天进行连续采卵，对于正常母牛，无须进行激素刺激；但是当母牛采卵数少于 6 个时，可用外源激素进行适当调节，通常的做法是每 14 天做一次外源激素刺激。每周收集卵子 2 次要比间断性的采卵效率高，连续采卵会提高母牛的采卵数量与质量。

（3）精液品质鉴定。用于体外受精的精液要进行品质鉴定。先用提前鉴定的公牛精液与活体采卵收集的卵子进行实验，用这种方法来判断精液是否可以成功受精，是否可以产生优质胚胎。这一步非常重要，因为人工授精良好的公牛精液不一定在体外受精时也表现良好。通常，一个人工授精剂量的精液可以给 200 个卵子受精。

4. 提高移植受胎率

（1）受体牛选择与处理。由于隐性子宫内膜炎使受精卵不能着床或胚胎早期死亡，因而对受体牛也需进行子宫净化处理和隐性子宫内膜炎的检测，方案与处理供体牛相同。受体牛要保证营养的供应，要避免血液酸中毒。

胚胎移植的基本原则之一就是胚胎与受体在生理学上的一致性。除了对受体牛进行选择外，更应注意的是它的发情周期性问题，要使胚胎发育阶段与受体牛发情周期相一致。在准备鲜胚移植受体牛时，受体牛第 2 次注射 PG 要比供体牛早 12 小时。

（2）合理安排受体牛的移植程序。

①根据发情时间确定受体牛移植顺序。在进行大批量胚胎移植时，需要根据受体牛发情时间、排卵时间的先后进行排序，发情、排卵早的先选，发情、排卵晚的后选，尽量缩小受体牛与供体牛的发情同步差，最多相差不超过 24 小时。

②根据胚胎的发育阶段选择受体牛。同一时间处理的供体牛，甚至同一供体牛，胚胎的发育阶段不尽相同，在选择受体牛时，还要根据胚胎的不同发育阶段和受体牛的不同发情时间、排卵时间灵活搭配，尽量缩短胚胎发育时期和受体牛子宫环境的同步差。

③根据黄体发育状况确定是否移植。经过以上步骤选择后的受体牛，在进行胚胎移植前，除对生殖器官再次进行检查外，主要是对黄体进行仔细检查，根据黄体状况确定是否移植。检查黄体时还要注意区分黄体化卵泡，具有黄体化卵泡的受体母牛移植胚胎是不能受胎的。

（3）严格执行移植操作程序。移植胚胎时要严格遵守无菌操作规程，以防生殖道感染。移植枪在每次使用后都要进行彻底清洗，干燥后用环氧乙烷气体消毒或干燥灭菌，在条件不具备时可在每次输精后清洗干净移植枪，使用前一定要用75%乙醇彻底消毒，待乙醇彻底挥发后再使用。

在移植胚胎时，要避免对一些很难移植的受体牛进行长时间操作，这样很容易对子宫内膜造成创伤，引起子宫平滑肌逆蠕动，出现不适宜妊娠的反应。更重要的是容易造成子宫损伤，使子宫内膜上皮脱落，甚至出血。子宫内膜上皮细胞、红细胞、白细胞等进入宫腔，反射性地引起子宫自净功能活动增强，胚胎会同组织碎片、各种细胞等一起被排出子宫；同时，移植时子宫受损出血，血液进入宫腔，血清是有活性的，对胚胎也有毒害作用，因此受胎率肯定要大大降低；血凝块堵塞移植枪出口，可能会机械性地影响胚胎自移植枪进入子宫；若胚胎被凝固的血块包裹，可造成胚胎死亡。

繁殖母牛疫病防治

繁殖母牛的疫病防治要以防为重。随着人们生活水平提高和膳食结构的变化，牛肉的需求呈逐年增加的趋势，绿色环保、无公害的牛肉制品已成为现代市场的新要求，这也对养牛业发展提出了更高的要求，要满足市场需求、提高养殖者的效益，就要从母牛抓起，为保证母牛健康必须建立健全科学的饲养管理制度和严格的动物疫病防治措施。

第一节　健全防疫检疫制度

牛传染病的发生、蔓延甚至流行，常常会造成牛的淘汰或死亡，养殖成本加大，给养牛业带来巨大损失，甚至是毁灭性的打击。因此，要采取严格的措施做好卫生防疫和疫病防治工作。结合不同地区传染病流行情况，观察牛群异常表现，及时发现牛群中已经出现的疫病，并及时采取有效的防控措施，防止传染病的流行，减少疫病带来的损失。应对饲养繁殖母牛的繁殖器官疾病、消化系统和呼吸系统等常见多发病进行必要的监控。对于某些体内外寄生虫病，在一些发病率高的地区，应定期驱虫和制订预防措施。有的养殖场（户）往往很注重疫病的治疗，而对如何科学预防动物疫病却重视不够，这种意识和做法对养殖业的稳定健康发展十分不利，因此我们一定要坚持"预防为主，防重于治"的原则。

一、母牛养殖场的兽医卫生要求

母牛养殖业逐步向规模化、集约化方向发展，规模化养牛场也越来越多，这就需要建立健全完善的兽医卫生防疫制度和配套的兽医卫生要求，从而保证养牛业健康发展。

1. 牛场的兽医卫生要求　牛场场址的选择、环境条件、卫生状况及病原体的污染程度直接关系牛群健康。因此，牛场建设前要有考察论证、要有专业设计，要有严格的制度，更重要的是严格执行制度。

（1）牛场应选择地势高燥、水源洁净充足、用电便利、道路及地势较平坦之处，距离村庄、工厂、交通要道等 500 米以上，建设前要先向当地兽医卫生行政主管部门提出申请，经审核批准后方可建设。

（2）牛场环境要相对封闭，布局合理，生产区和办公区要严格分开。要考虑牛场的主风向，办公区在上风向，然后是草料库和青贮窖，再是生产区（犊牛舍在上风向，然后是育成牛舍，再是成年牛舍），下风向布局依次是兽医室、隔离圈舍、病牛舍、粪便及污物处理设施；场区内净道和污道要严格分开，不可混用，以减少交叉感染。场门、生产区和牛舍出入口处应设置消毒池。

（3）牛舍建造本着冬季保暖、夏季凉爽、环境干燥、安静、通风良好的原则进行，牛床建设时要牢固但不宜过于光滑，以免母牛滑倒。

（4）牛场应有为其服务的兽医、配种等专业技术人员（最好是专职）。

（5）牛场内不准饲养与牛无关的动物。不能将动物及其产品带入场区清洗、加工；不在场区内进行解剖、屠宰等活动；牛的出售应在场外进行。

（6）非本场工作人员和车辆未经场长或兽医部门同意不准随意进入生产区；生产区和牛舍入口应设消毒池，内置消毒液，并定期更换，以保证药效。工作人员和挤乳、饲养人员的工作服、工具要保持清洁，饲养用具要专用，经常清洗消毒，不得带出牛舍；饲养人员不要进入与自己工作无关的圈舍、饲草料加工等场所。

（7）制订卫生消毒制度，注重产房、隔离舍及病牛舍的卫生消毒工作；要加强牛体的刷拭，注意保持牛体卫生；牛舍每天都要进行粪便等污物的清理工作，以保持牛舍干燥洁净；每年春、夏、秋季，要进行大范围灭虫灭鼠、大扫除和大消毒活动，平时要有经常性的灭虫灭鼠措施，以降低虫鼠害造成的损失；建立符合环保要求的牛粪、尿等污物处理系统。

（8）消毒液的选择要结合本场发生的疫病的种类、污染程度等因素综合考虑，选取几种不同化学成分的消毒剂交替使用，以减少病原微生物的耐药性和抗药性，提高消毒效果。

（9）牛场全体员工每年必须进行一次健康检查，发现感染结核病、布鲁氏菌病等人兽共患传染病的员工，应及时将其调离生产区。新来员工必须进行健康检查，无上述疾病时才能上岗工作。

（10）有条件的牛场应设兽医室。兽医室应有常规记录登记统计表及日记簿，如牛的病史卡、疾病统计分析表、药品使用情况记录表、结核病及布鲁氏菌病的检测结果表、免疫接种疫苗的记录表、寄生虫检测记录表、病（死）牛的尸体剖检记录表及尸体处理情况表等。

2. 牛群健康保健管理　牛场和牛舍的环境卫生状况及病原体的污染程度与牛群健康有直接关系，牛场（牛舍）一定要经常清除场内的杂物、污水、粪便及垃圾等，并根据需要进行定期消毒，使牛场（牛舍）保持良好的卫生环境。同时，注意保持牛体卫生，牛场工作人员要注意个人卫生，上下班要更换工作服和鞋；牛场内的土质和水源一定要符合卫生标准。

（1）严格执行《中华人民共和国动物防疫法》有关规定，建立和健全防疫消毒制度。牛场应建围墙或防疫隔离带，门口应有消毒池、消毒间，工作服、鞋不能穿出场外；车辆、行人不能随意进入牛场内；全年最少大消毒2次，于春季、秋季用2%的氢氧化钠溶液和10%的石灰乳等对牛舍、周围环境、运动场地面、饲槽、水槽等进行消毒处理。尸体、胎衣应深埋；粪便应及时清除，堆积发酵（或发酵沼气等）处理；兽医器械、输精用具应按规定消毒后使用。

（2）坚持定期检疫，在春、秋两季要进行结核病和布鲁氏菌病的检疫，按农业农村部规定进行。如母牛发生流产，对流产胎儿胃内容物、肝、脾取样做布鲁氏菌病细菌学检查。无论是结核病还是布鲁氏菌病，如发现阳性病牛，在动物卫生管理部门监督下及时无害化处理。

（3）严格执行预防免疫制度。对每头牛都要进行免疫和检疫，执行定期预防接种和补种计划。

（4）建立经常性消毒制度，规范并完善牛场一般防疫消毒设施，切断传播途径，防止疫病的发生或蔓延，保证牛群健康和正常的生产。

（5）进行牛群健康普查，构建良好的生产环境，做好相关工作记录，保存好资料。

（6）保持繁殖母牛舍环境、牛体清洁，做好乳房卫生保健措施，预防乳腺炎。

（7）实施繁殖母牛牛蹄卫生保健规程，蹄的保健是保证母牛健康的重要措施之一，护蹄不良，牛体质下降，逐渐消瘦，抗病力降低，易感染其他疾病。护蹄良好，可提高牛的利用年限，降低因蹄变形、蹄病造成的淘汰率。

①经常保持牛蹄卫生。冬天刷蹄，夏季冲蹄。

②建立定期修蹄制度，每年对全群牛蹄肢进行普查1～2次，春季、秋季

统一全群修蹄1~2次。加强观察，对蹄变形的牛应随时修整；蹄变形严重和患蹄病的牛要及时修蹄，并要对症治疗，促进痊愈。

③加强圈舍及环境卫生工作，改善饲养条件，建立卫生管理制度。及时清除粪尿和积水，保持运动场干燥、平坦、无砖石瓦块等物品。

（8）加强对病牛的管理，促进其痊愈，降低淘汰率。病牛室或病牛栏（圈）必须铺垫草，使牛休息的地方温暖舒适，病牛有的不吃不反刍，说明瘤胃内发酵微弱，产热也少，特别是寒冷季节，要注意保温。牛肢蹄受伤或因其他疾病不能起卧，卧下又不能翻身或饮食，这时就需要设法用数条结实的肚带将牛吊起来，以便于治疗和病牛采食。病牛室应天天清扫、消毒，如果牛患的是传染病，须采取特殊消毒措施和特殊的饲养管理措施。病牛应有病历档案，详细记录病史、症状、诊治情况，以及防疫、检疫等情况。凡因布鲁氏菌病、结核病等疫病死亡或淘汰的牛，必须在兽医防疫人员指导下，按国家有关规定处理。

二、母牛疫病综合防控技术方案

1. 平时的预防措施

（1）加强饲养管理、增强母牛的抵抗力。保证草料的品质和数量，不要骤变，饮水洁净充足，勤观察牛采食、饮水、精神、反刍、鼻镜水珠、皮毛光泽及粪便等情况，发现问题及时采取相应措施加以解决。

（2）调查疫情、把好检疫关。母牛养殖场（户）选址和引种时，要调查当地的历史疫情和近期疫病流行情况，引进牛（或出栏）时要注意临床检查和规定疫病的检疫，特别是引进牛后，必须在隔离圈舍饲养观察2~4周，确认健康后方可合群饲养。

（3）合理分群。按牛的品种、性别、年龄、强弱等分群饲养，以便制订适宜的饲养方案。

（4）创造适宜的饲养环境。有的母牛养殖场（户）采取的是舍内拴系式饲养方式，不运动、采光少、湿度大、空气不良等因素导致母牛产科病及内科病等疾病逐年增多，所以营造一个阳光充足、通风良好的牛舍环境，做到自由饮水（冬季喝温水）、夏季防暑、冬季保暖、干燥洁净、刷拭牛体、自由活动（运动）等以提高母牛的繁殖率。

（5）定期做好免疫接种和寄生虫的驱治工作。根据当地兽医行政主管部门制订的免疫接种计划，结合本场疫病流行特点，及时做好免疫接种工作。按当地寄生虫流行情况，驱虫前做 1 次粪便检查，根据寄生虫感染种类和程度，有针对性地选择驱虫药，母牛在空怀期驱治为好，并做好记录工作。不用毒性大、残留期长、严重危害人畜健康和国家明令禁止的各类兽药。

（6）做好圈舍内外及饲养用具的卫生消毒工作。养殖场（户）要有严格的卫生防疫制度，圈舍内外定期清扫、消毒。饲养用具保持洁净整齐并定期消毒，做好杀虫灭鼠和粪便的无害化处理。

（7）预防各类中毒事故发生。毒素和有毒物质不仅使牛中毒，损伤牛的免疫功能，而且对胎儿会造成极大的伤害，因此不用霉烂变质及有毒有害的饲草饲料喂牛。加强有毒有害物品的管理。

（8）需要淘汰和屠宰的牛，要经当地官方兽医检疫，确认无传染病，对人和动物无害，出具相关检疫证明后方可进行。

2. 发生传染病时应采取的措施

（1）发现疑似某种传染病（尤其是烈性传染病）时，应及时隔离、及时报告上级兽医行政主管部门，由当地县级以上人民政府动物防疫主管部门派人到场，经确诊后，划定疫点、疫区及受威胁区，进行流行病学调查，并由县级以上人民政府对疫区发布封锁令，实行封锁，并通知友邻。

（2）对疫区进行封锁、隔离、消毒、紧急免疫接种、扑杀、销毁及无害化处理等强制性措施，对疫畜、垫草、剩余饲料、饲养用具、粪便及被污染环境要进行严格消毒及无害化处理（焚烧、深埋等）。当有传染病发生时，根据诊断结果，将该牛群分为患病牛、疑似感染牛和假定健康牛三类。患病牛隔离治疗或急宰淘汰或扑杀，疑似感染牛进行隔离，紧急预防接种或治疗，对假定健康牛进行紧急预防接种。疫情得到有效控制和扑灭后，由发布封锁令的人民政府根据疫情情况和相关法规，适时解除封锁。

（3）在封锁期间，禁止染疫、疑似染疫和易感动物及其产品流出疫区，禁止非疫区动物进入疫区；进出疫区的人员、车辆及有关物品进行严格消毒；传染病扑灭后及疫区解除封锁前，进行一次大消毒（也称终末消毒），先将牛舍及运动场清理干净，或铲去表层土壤，然后再喷洒消毒药液，用药量根据地面和墙壁等的结构适当增减；法规规定可治疗的要及时治疗，以迅速控制和扑灭疫病。

三、树立良好的动物防疫意识

动物防疫就是采取各种预防措施，将疫病排除于一个未受感染的动物群之外，或者将已发生的疫病控制在最小的范围内加以扑灭。通常包括采取检疫等措施避免传染源进入目前尚未发生该病的地区；采取群体免疫接种、药物预防，以及改善饲养管理和加强消毒等措施，保障一定的动物群不被已存在于该地区疫病的传染；采取隔离、封锁、扑杀、紧急免疫接种或治疗等措施，把疫病限制在尽可能小的范围内，并降低已出现于动物中疫病的发病率和死亡率，最终使该种疫病得到有效控制并加以扑灭。

1. 传染病及其传播环节

（1）凡是由病原微生物引起的，在动物机体的一定部位寄居、生长繁殖，引起一系列的病理反应，并具有传染性的疾病称为传染病。传染病有一定的潜伏期和临床表现。传染病与非传染性疾病不同，传染病的致病因子是活的病原微生物（如细菌、放线菌、螺旋体、支原体、立克次氏体、衣原体、真菌和病毒），必须是同一种病原微生物从一被感染动物侵入另一易感动物，经过一定潜伏期后，能引起同样的临床症状，并具有传染性，才能称为传染病。每一种传染病都有一定的潜伏期（从动物被病原微生物侵入的时候开始，直到出现最初的临床症状为止的时间）、临床表现（症状）和相应的病理变化。

（2）传染病的发生和发展条件。传染病的发生和发展必须具备以下3个条件：①具有一定数量和足够毒力的病原微生物；②具有对该传染源（病原微生物）有感受性的动物；③具有可促使病原微生物侵入易感动物机体内的外界条件。如果缺少任何一个条件，就不可能出现传染病的发生与流行过程，3个环节（传染源、易感动物及传播途径）连接在一起时，则可发生疫病流行过程。当传染源被隔离或消灭时，不可能发生传染病；而缺少传播途径时，动物没有机会感染病原微生物，流行过程不可能发生；如果不存在易感动物时，也不可能发生该传染病。动物防疫工作就是紧紧围绕这3个环节来开展的。

2. 动物防疫工作的方针和基本原则

（1）防疫工作的方针。我国动物疫病防疫工作的方针是"预防为主、综合防制"。近年来，各级政府不断加大动物防疫的投入力度，以保证养殖安全和人民群众的身体健康。

（2）防疫工作的基本原则。

①依靠党和政府的领导，只有建立健全各级动物防疫卫生监督机构，才能保证动物防疫措施的贯彻实施。

②坚持因地制宜，专业防疫队伍与群众性防疫相结合。

③严格执法，依法办事，动物防疫工作是一项政策性和专业性很强的工作，必须严格执法，依法办事。

3. 消毒　消毒是指应用物理的、化学的和生物学的方法，杀死物体表面或内部病原微生物的一种方法或措施。消毒的目的是消灭被传染源散播于外界环境中的病原微生物，以切断传播途径，阻止疫病的发生和蔓延。消毒和灭菌是两个经常应用且易混淆的概念。灭菌的要求是杀死物体表面或内部所有的微生物，而消毒则只要求杀死病原微生物，并不要求杀死全部微生物。

（1）消毒的种类。根据消毒的目的不同，可以将消毒分为两类，即预防性消毒、疫源地消毒。

①预防性消毒。是指一个地区或养殖场平时经常性进行的、以预防一般疫病发生为目的的消毒工作，包括平时饲养管理中对动物圈舍、场地、用具和饮水等进行的定期消毒。

②疫源地消毒。可分为随时消毒和终末消毒。

a. 随时消毒（也称紧急消毒）。随时消毒是指在发生动物疫病时，为了及时消灭从患病动物体内排出的病原微生物而采取的消毒措施。消毒的对象包括染疫动物分泌物、排泄物污染和可能污染的一切场所、用具和物品，通常在疫区解除封锁前进行定期的多次消毒，疫畜生活过的及死亡场地和患病动物所隔离的区域，应每天和随时进行消毒。

b. 终末消毒。终末消毒是在染疫动物痊愈、死亡或扑杀后一定时间（一般是该传染病最长潜伏期）后，或者在疫区解除封锁之前，为了消灭疫区内可能残留的病原微生物所进行的全面彻底的大消毒。

（2）消毒设施和设备。消毒设施主要包括生产区大门的大型消毒池、牛舍出入口的小型消毒池、人员进入生产区的更衣消毒室及消毒通道、消毒处理病死牛的尸体坑、粪污发酵场、发酵池等。常用消毒设备有喷雾器、高压清洗机、高压灭菌容器、煮沸消毒器、火焰消毒器等。

（3）消毒程序。根据消毒种类、消毒对象、气温、疫病流行的规律，将多种消毒方法科学合理地加以组合而进行的消毒过程称为消毒程序。例如，全进全出系统中的空牛栏大消毒的消毒程序可分为以下步骤：清扫→高压水冲洗→喷洒消毒剂→清洗→熏蒸→干燥（或火焰消毒）→喷洒消毒剂→转入牛群。还应根据自身生产方式、本地易发传染病、消毒剂和消毒设备设施种类等因素灵活制订消毒程序，有条件的牛场应对生产环节中的关键位置（牛舍）的消毒效果进行检测。

（4）消毒方法。

①物理消毒法。

a. 机械性清除。如清扫、洗刷圈舍，通风换气等。清扫、洗刷圈舍地面，将粪尿、垫草、饲料残渣等及时清除干净，洗刷畜体被毛，除去体表污物及附在污物上的病原微生物，这种机械性清除的方法虽然不能杀灭病原微生物，但可以有效地减少动物圈舍及体表的病原微生物，若再配合其他消毒方法，常可获得较好的消毒效果。如果不先进行清扫、洗刷，圈内因积有粪便等污物，不仅需杀灭的病原微生物数量太多，而且这些污物还将直接影响常用消毒剂的消毒效果。同样，通风换气虽不能直接杀灭病原微生物，但通过交换圈舍内空气，可减少圈舍内空气中病原微生物和有害气体的数量及浓度。

b. 阳光、紫外线和干燥。太阳光谱中的紫外线具有较强的杀菌消毒作用。一般病毒和非芽孢病原菌在强烈阳光下反复暴晒，其致病力可大大减弱，甚至死亡，而且阳光照射的灼热以及水分蒸发所致的干燥也具有杀菌作用。所以，利用阳光暴晒，对牧场、草地、运动场、用具和物品等的消毒是一种简单、经济、易行的消毒方法。

c. 热消毒法。

火焰焚烧：这是简单而又有效的消毒方法。结合平时清洁卫生工作，对清扫的垃圾、脏污的垫草等进行焚烧，对染疫动物或可疑动物的粪便、残余饲料以及被污染的价值不高的物品，均可采用火焰焚烧来杀灭其中的病原微生物。对不易燃烧的圈舍地面、栏笼、墙壁、金属制品等可用喷火消毒，但应注意安全。

煮沸消毒：煮沸能使蛋白质快速变性，是一种简单而有效的消毒方法。一般病原微生物的繁殖体在水中加热至60℃，15～45分钟即死亡；100℃时，1～2分钟死亡；而当煮沸1～2小时，能杀灭所有病原微生物。因此，各种耐煮物品，如注射器、针头等均可用此方法进行消毒。

高压蒸汽灭菌（消毒）法：用高压蒸汽灭菌器（锅），加热至121℃并维持30分钟，能杀死所有的微生物繁殖体和芽孢；凡耐高温、不怕潮湿的物品，如各种培养基、溶液、玻璃器皿、金属器械、敷料、工作服等均可用高压蒸汽灭菌器（锅）进行灭菌。

干热消毒：相对湿度在20%以下的热空气，使蛋白质迅速失去水分而凝固变性来杀灭微生物，但效果差，需要120～160℃，维持1小时以上才能达到消毒效果，主要用于干燥的器皿的消毒。

②化学消毒法。化学消毒法是用化学药物杀灭病原微生物的方法，在防疫工作中最为常用。选用消毒药应考虑杀菌谱广、有效浓度低、作用快、效果好、对人畜无害、性质稳定、易溶于水、不易受有机物和其他理化因素影响；也应具备使用方便、无味、无臭、价廉、易于推广、不损坏被消毒物品、使用后残留量少及

毒副作用小等优点（如一定要使用毒副作用大的消毒剂，则应特别注意人畜安全）。

A. 常用消毒药。根据消毒药的化学成分可分为：酚类消毒药，有石炭酸、甲酚皂、克辽林、复合酚（菌毒敌）等；醛类消毒药，有甲醛、戊二醛等；碱性类消毒药，有氢氧化钠、生石灰（氧化钙）、草木灰等；含氯消毒药，有漂白粉、次氯酸、二氯异氰尿酸钠、氯胺（氯亚明）等；过氧化物消毒药，有过氧化氢、过氧乙酸、高锰酸钾等；季铵盐类消毒药，有新洁尔灭、氯己定、杜米芬等；醇类消毒药，乙醇、甲醇、异丙醇等；杂环类气体消毒药，如环氧乙烷、环氧丙烷等。生产实践中，应根据用途来选用消毒液。

下面对部分常用消毒药举例说明。

a. 氢氧化钠（烧碱、苛性钠）。氢氧化钠对细菌和病毒有强大的杀灭力。可用2%～3%热溶液对圈舍、地面、用具等消毒。本品有腐蚀性，要注意人畜安全，消毒后应用清水冲洗。5%的水溶液可用于炭疽芽孢污染场地的消毒。

b. 漂白粉（又称氯石灰）。漂白粉是一种应用较广泛的消毒剂。漂白粉的消毒作用与有效氯含量有关，其有效氯含量一般为25%～36%。有效氯含量在16%以下的则不适合消毒用。漂白粉常用浓度为5%～20%，5%溶液可杀死一般病原菌，10%～20%溶液可杀灭细菌芽孢。1米³水中加入5～10克漂白粉，可用于饮用水消毒。一般用于动物圈舍、地面、水沟、粪便、水源及运输车船等的消毒。现配现用，不能用于金属制品及有色物品的消毒。

c. 过氧乙酸。本品为无色透明液体，易溶于水，易挥发，有醋酸味，高浓度遇热易爆炸，20%以下浓度较安全。该品具有高效、广谱的杀菌作用，消毒时可配制成浓度为0.05%～0.5%的溶液，对圈舍、食槽及畜体等有很好的消毒作用。

d. 来苏儿。本品为黄棕色或红棕色液体，对大多数细菌有杀灭作用，对寄生虫和病毒也有效，可配成浓度为2%～5%的溶液喷洒消毒。

e. 新洁尔灭。本品为淡黄色液体，易溶于水，振荡有泡沫，对大多数细菌有效，但对病毒、结核杆菌、霉菌及炭疽杆菌效果差，可配成浓度为0.05%～0.1%的溶液进行消毒。用于浸泡器械、玻璃、搪瓷、橡胶制品及皮肤的消毒。0.15%～2%的水溶液可用于牛舍喷雾消毒。

f. 甲醛溶液。本品为无色透明液体，有刺激性，置于阴凉处保存，甲醛有广谱的杀菌作用，2%～4%的水溶液用于喷洒墙壁、地面、饲槽等，1%的水溶液可用于牛体表消毒；甲醛25毫升/米³，高锰酸钾12.5克/升，将高锰酸钾倒入甲醛中，密闭24小时后打开门窗。

g. 高锰酸钾 0.01%～0.05%的水溶液用于中毒时洗胃；0.1%的水溶液外用，冲洗黏膜及创伤、溃疡等。高锰酸钾常与甲醛结合进行熏蒸消毒，现用现配。

以上消毒液大多有毒性，请妥善保管，用时注意防护。

B. 常用化学消毒方法。化学消毒的实施方法有以下几种：

a. 喷洒法。喷洒法是将配制好的消毒剂喷洒于被消毒物体表面的一种消毒方法。常用于畜舍地面、墙壁等的消毒，也可用于家畜体表的消毒。

b. 喷雾法。喷雾法是将稀释好的消毒剂装入气雾发生器（喷雾器）内，使消毒液通过压缩空气雾化后形成雾化粒子，以雾化粒子达到消毒目的的一种消毒方法。常用于圈舍内空气、围栏、地面、畜禽体表的消毒，也可用于带畜消毒（即不将动物清出圈舍的清毒方法）。

c. 浸泡法。浸泡法是将稀释好的消毒剂放入消毒池或消毒盆（缸）中，将被消毒的物体浸泡于消毒剂中一定时间，以达到消毒目的的一种消毒方法。常用于饲养管理工具、手术器械及衣物等物品的消毒。

d. 熏蒸法。熏蒸法是于密闭的圈舍内使消毒剂产生大量的气体（或烟雾），通过气体熏蒸达到消毒目的的一种消毒方法，常用的有甲醛高锰酸钾熏蒸法（温度不低于 15～25℃、相对湿度在 60%～80%为宜），对圈舍及舍内物品能达到很好的消毒效果，但切不可用于带畜消毒。

③生物消毒法。在动物防疫实践中，常用该法将被污染的粪便堆积发酵，利用嗜热细菌繁殖时产生高达 60℃以上的温度，经过 1～2 个月可将病毒、细菌（芽孢除外）、寄生虫卵等病原体杀死，既达到消毒的目的，又保持了肥效。但本法不适用于炭疽、气肿疽等芽孢性病原微生物引起的疫病的处理，患这类疫病的动物的粪便等污物应焚烧或深埋。

（5）影响消毒效果的因素。在动物防疫的消毒工作中，不能认为只要做了消毒工作就应该达到消毒的目的，影响消毒效果的因素较多，主要有以下几个方面：

①消毒剂的浓度。消毒剂必须按要求的浓度配制和使用，浓度过高或过低均会影响消毒效果，如乙醇的最佳消毒浓度是 70%～75%，高于或低于这个浓度均不能发挥其有效的消毒作用。

②消毒剂作用时的温度。大部分消毒剂在较高的温度下消毒效果好，可增强消毒剂的效力，并能缩短消毒时间，但有的消毒剂随着温度升高，其杀菌效力反而降低。所以，应掌握各种消毒剂的使用温度。

③环境湿度。一般来讲，适当的湿度可增强消毒剂对病原微生物的穿透力，尤其对熏蒸消毒的影响较大，用甲醛或过氧乙酸气体熏蒸消毒时，相对湿

度以 $60\%\sim80\%$ 为宜。

④消毒剂作用的时间。一般消毒剂接触到病原微生物后，不可能立即就将其杀灭，必须与病原微生物作用一定时间才能发挥效果，最快的几秒钟，一般几分钟或几十分钟，长的可达数小时至数天。消毒剂作用的时间的长短主要取决于病原微生物的抵抗力和消毒剂的种类、浓度及温度等。

⑤环境的酸碱度。酸碱度（pH）的变化可影响某些消毒剂的作用。如新洁尔灭等阳离子消毒剂在碱性环境中杀菌作用增强，而石炭酸、来苏儿、氯消毒剂和含碘消毒剂在酸性环境中杀菌作用增强。

⑥环境中的有机物。当环境中存在有机物（如排泄物、分泌物）时，由于消毒剂氧化作用降低或者有机物质能吸附消毒剂，从而会降低消毒剂的杀菌能力。受有机物影响较大的消毒剂有新洁尔灭、乙醇及次氯酸盐等。

⑦配制消毒剂时的水质。硬质水中含过多的矿物质，尤其是钙，可影响某些消毒剂的杀菌能力。

⑧环境中的中和剂。当环境中存在某些消毒剂的中和剂时，将影响该消毒剂的杀菌能力。因此，多种消毒剂配合使用时，应慎重。

4. 免疫接种 免疫接种是给动物接种免疫原（菌苗、疫苗、类毒素）或免疫血清（抗毒素），使机体自己产生或被动获得特异性免疫力，是预防和治疗传染病的一种重要手段，使易感动物转为非易感动物（对某种或几种疫病有免疫力的动物），防止疫病的发生与流行。由于免疫接种可以使动物产生针对相应病原微生物的特异性抵抗力，所以是一种特异性强且非常有效的防疫措施。有计划、有组织地进行免疫接种，是预防和控制动物疫病的重要措施。在某些烈性传染病，如家畜口蹄疫、炭疽等疫病的防制过程中，免疫接种具有关键性的作用，又由于免疫接种与药物预防、消毒等措施相比，具有省人、省力、节省经费等特点，所以还是一种经济实用的防疫措施。任何部门和单位在动物防疫工作中，都必须重视免疫接种工作。

（1）免疫接种可分为预防免疫接种和紧急免疫接种两大类。

①预防免疫接种。在经常发生某些疫病的地区，或有某些疫病潜伏的地区，或受到邻近地区某种传染病威胁的地区，为了防患于未然，在平时有计划地给健康动物群进行的免疫接种，称为预防免疫接种。

预防免疫接种通常使用疫苗、菌苗、类毒素等生物制剂作为抗原激发免疫。根据所用生物制剂的品种和制作工艺不同，采用皮下注射、皮内注射、肌内注射，或皮肤刺种、点眼、滴鼻、喷雾及口服等不同的接种方法。接种后经一定时间（一般为数天至 3 周），可获得数月至 1 年以上的免疫力。

实际生产中，养殖场（户）应根据我国的疫（菌）苗研制应用状况和本地传染病流行规律，制订母牛饲养场免疫程序。现对母牛饲养场免疫程序举例说明（表 6－1）（仅供参考）。

表 6－1　母牛饲养场免疫程序

年龄	疫（菌）苗	接种方法	免疫期
1 月龄	第Ⅱ号炭疽芽孢苗	皮下注射 1 毫升	免疫期 1 年
	（无毒炭疽芽孢苗）	皮下注射 0.5 毫升	免疫期 1 年
	明矾沉淀破伤风类毒素	皮下注射 0.5 毫升	免疫期 1 年
			6 个月后需再注射 1 次
	牛气肿疽甲醛明矾菌苗	皮下注射 5 毫升	免疫期 6 个月
			犊牛 6 月龄再注射 1 次
6 月龄	布鲁氏菌 19 号苗	皮下注射 5 毫升	免疫期 9～12 个月，配种前 1 次
	气肿疽牛出败二联苗	皮下注射 1 毫升（用 20％氢氧化铝盐水稀释）	免疫期 1 年
	口蹄疫弱毒苗	皮下注射或肌内注射 1 毫升	免疫期 6 个月
12 月龄	口蹄疫弱毒苗	皮下注射或肌内注射 1 毫升	免疫期 6 个月
18 月龄	气肿疽牛出败二联苗	皮下注射 1 毫升（用 20％氢氧化铝盐水稀释）	免疫期 1 年
	口蹄疫弱毒苗	皮下注射或肌内注射 2 毫升	免疫期 6 个月
	第Ⅱ号炭疽芽孢苗（无毒炭疽芽孢苗）	皮下注射 1 毫升	免疫期 1 年
24 月龄	破伤风类毒素	皮下注射 1 毫升	免疫期 1 年
	口蹄疫弱毒苗	皮下注射或肌内注射 1 毫升	免疫期 6 个月
成年牛	牛气肿疽甲醛明矾苗	皮下注射 5 毫升	每年春季接种 1 次
	炭疽菌苗	皮下注射 1 毫升	每年春季接种 1 次
	破伤风类毒素	皮下注射 1 毫升	每年定期接种 1 次
	口蹄疫弱毒苗	肌内注射 2 毫升	每年春、秋各 1 次
妊娠母牛	大肠杆菌菌苗	见疫苗生产标签	母牛产前 2～4 周使用

注：应根据当地兽医行政主管部门的免疫计划和本场疫病发生、流行情况，选择某些疫苗进行免疫接种，不可完全照搬，用法和剂量等以产品使用说明书为准。

做好预防免疫接种工作应注意以下两个方面：

a. 预防免疫接种应有周密的计划，每年都要根据实际情况拟订当年的预防免疫接种计划，使预防免疫接种工作做到有的放矢、有章可循、真正落到实处，有时也进行计划外的预防免疫接种。例如，输入或运出动物时，为了避免在运输途中或到达目的地后暴发某些传染病而进行的预防免疫接种。一般可采用抗原主动免疫（接种疫苗、菌苗、类毒素等），若时间紧迫，也可用免疫血清进行抗体被动免疫，后者可立即产生免疫力，但免疫期仅半个月左右。如果在某一地区过去从未发生过某种传染病，也没有从别处传进来的可能性时，则没有必要进行该传染病的预防接种，一般要求做到因病设防。

b. 预防免疫接种前应了解动物的饲养状况及疫病情况，应对被接种的动物进行详细的检查和调查了解，特别注意其健康与否、年龄大小、是否正处于妊娠期或泌乳期，以及饲养条件的好坏等情况。成年的、体质健壮或饲养管理条件较好的牛，预防免疫接种后会产生较强的免疫力。反之，年幼的、体质弱的、有慢性病或饲养管理条件不好的牛，预防免疫接种后产生的免疫力就会差些，也可能引起较明显的接种反应。妊娠母牛，特别是临产前的母牛，在接种时由于驱赶、捕捉等影响或者由于疫苗所引起的反应，有时会发生流产或早产，或者可能影响胎儿发育；泌乳期的母牛预防接种后，有时产奶量会暂时减少。所以，对那些年幼的、体质弱的、有慢性病的和妊娠期的母牛，如果不是已经受到传染病的威胁，最好暂时不接种。对那些饲养管理条件不好的牛，在进行预防接种的同时，必须创造条件改善饲养管理。预防免疫接种前，应注意了解当地有无疫病流行，如发现疫情，则首先安排对该病的紧急防护，也有可能促使它们更快发病，因此在预防免疫接种后一段时间内，牛群中发病的头数反而有增多的可能性，但由于这些急性传染病的潜伏期较短，而疫苗接种后很快就能产生抵抗力，因此发病不久后，发病率即可下降，终能使流行很快停息。

②紧急免疫接种。紧急免疫接种是在疫区及周围的受威胁区进行的免疫接种，受威胁区范围的大小视疫病的性质而定。某些流行性强的传染病，如口蹄疫等，受威胁区，如疫区周围 5 千米以上。这种紧急免疫接种的目的是建立"免疫带"以包围疫区，就地扑灭疫情，但这一措施必须与疫区的封锁、隔离、消毒等综合措施相配合，才能取得较好的效果。

（2）母牛免疫接种的方法——注射免疫接种法。注射免疫接种法常用的有皮下注射、皮内注射、肌内注射及静脉注射等。

①皮下注射。牛皮下接种的部位，在颈侧中部上 1/3 处为宜。用左手拇指和食指将动物的皮肤提起，针头 45°进针后，将疫苗注射在皮肤与肌肉之间即可。皮下注射的优点是操作简单，吸收较皮内注射快；缺点是使用疫苗剂量多。大部分常用的疫苗和高免血清均可采用皮下注射。

②皮内注射。皮内注射的部位，牛除颈侧外，还可在尾根或肩胛中央部位进行。注射器进针与提起的皮肤呈 180°，注射完成后，皮肤表面有突起（类似青霉素皮试）才算正确，如结核菌素皮内变态反应。皮内注射的优点是使用疫苗量少，同样的疫苗较皮下注射反应小，同量疫苗量较皮下注射产生的免疫力高；缺点是操作麻烦，技术要求高。

③肌内注射。接种部位在肌肉较多的臀部或颈部。肌内注射的优点是疫苗吸收快、注射方法简单；其缺点是在一个部位不能大量注射，若在臀部接种不当，易引起跛行。

④静脉注射。接种部位在颈静脉。兽用生物药品中的免疫血清除了皮下注射和肌内注射外，均可静脉注射，特别是在紧急治疗某种疫病时常用。疫苗、诊断液一般不做静脉注射。静脉注射的优点是可使用大剂量疫苗、奏效快；缺点是要求一定的设备和技术条件。此外，如用异种动物血清，可能引起过敏反应（血清病）。

另外，免疫接种方法还有刺种、滴鼻、点眼、口服、气雾等，在生产中使用较少。

（3）疫苗的种类、保存、运送及使用。

①疫苗的种类。

菌苗：菌苗是用细菌、螺旋体等通过生物技术制作的，用于动物预防接种并能产生特异性免疫的生物制品。

疫苗：疫苗是用病毒、衣原体、立克次氏体等通过生物技术制作的，用于动物预防接种并能产生特异性免疫的生物制品。

类毒素：类毒素是利用厌氧菌（如破伤风梭菌）生长繁殖过程中的外毒素，通过生物技术制作的，用于预防接种并能产生特异性免疫的生物制品。

我们习惯把疫苗和菌苗统称疫苗，疫苗根据其制作方法和用途又分为活疫苗和灭活疫苗等，其中活疫苗又分为强毒疫苗、弱毒疫苗，因此在生产实践中要根据实际情况选用正确的疫苗。一般而言，接种活疫苗约经过 7 天后、接种灭活疫苗则约经过 14 天后动物才能产生主动免疫而具有免疫力。动物在预防接种后，能抵抗相应病原微生物而不受感染发病的期限称为免疫期。

②疫苗的保存。各种疫苗应保存在低温、避光及干燥的场所，严禁阳光直射。一般情况下，一些灭活疫苗（包括油乳剂苗）、类毒素及各种诊断液等应在 $2\sim8℃$ 条件下保存，防止冻结；弱毒冻干疫苗、免疫血清等，应在 $-15℃$ 以下保存，因此应阅读产品说明书，按要求保存。

③疫苗的运送。各种疫苗要求包装完整，以防止损坏疫苗容器和散播病原微生物。运输途中要避免高温和日光直接照射，应在低温条件下，尽快送至保存地点或预防免疫接种点。

④疫苗的使用。需要注意的有以下几点：

a. 疫苗用前检查。疫苗在使用前必须进行详细检查并记录该疫苗的相关信息，存在下列情况之一则不能使用：没有标签或标签模糊不清或没有经过合格检查的；过期失效的；疫苗质量与产品说明书不符的，如色泽有变化、发生沉淀、疫苗内有异物、发霉及有异味等变质情况，瓶塞松动或包装破裂的（可能已被污染）。

b. 疫苗的稀释配制。疫苗稀释时必须在无菌条件下操作，所用注射器、针头、瓶盖等必须严格消毒。稀释液应用灭菌的蒸馏水（或无离子水）、生理盐水或专用的稀释液。稀释液的用量必须准确。活疫苗稀释时稀释液中不得含有抗生素。

c. 疫苗使用的注意事项。在大批免疫接种前，应首先进行小范围的免疫接种试验，无异常后，方可进行下一步工作；参加免疫接种的工作人员应分工明确，紧密配合，以免重复接种或遗漏；工作人员需穿工作服及胶鞋，必要时戴口罩，工作前后均应洗手消毒，工作中必须保持手的清洁，禁止吸烟和饮食；注射器、针头经严格消毒后方可使用，注射时每头动物须更换一个消毒针头。吸液时必须充分振荡疫苗，使其均匀混合，疫苗开瓶后夏季 2 小时、冬季 4 小时用完为好；炎热的夏季应在清晨或黄昏时免疫接种，寒冬季节应在午时免疫接种为佳，动物接种疫苗后的应激反应也会减少。免疫接种时，应注意认真做好免疫登记工作。

如效价不清或保存时间较长的疫苗，应重新测定效价后使用；使用后的疫苗瓶等包装不得乱丢，应进行消毒或深埋等无害化处理。

（4）影响免疫效果的因素。免疫反应是一个复杂的生物学过程，免疫效果受多种因素影响，如环境因素、母源抗体水平、免疫抑制性疾病、营养因素、免疫方法失误及应激因素等。了解影响免疫效果的因素，对于做好免疫接种工作、提高免疫效果具有重要意义。

①环境因素。当环境中有大量病原微生物污染时，使用任何一种疫苗，往往都不能达到最佳的免疫效果。

②母源抗体水平。新生动物可以从母体、初乳或卵黄（禽类）中获得一定量的母源抗体，这些母源抗体对于防止幼畜（禽）早期感染疫病具有特殊的意义。但是，如果在母源抗体水平较高时进行免疫接种，进入体内的疫苗（抗原）就可被高水平的母源抗体中和，从而使免疫效果下降，甚至发生免疫失败。因此，在免疫接种时一定要注意母源抗体对免疫效果的影响，通过抗体监测等手段获得牛群中总体母源抗体的水平，当母源抗体水平下降到接近临界值时再进行免疫接种，就可获得良好的免疫效果。

③免疫抑制性疾病。有一些疾病可以造成机体免疫系统的损害，从而抑制免疫反应的产生。

④营养因素。牛发生严重的营养不良，特别是蛋白质营养缺乏时，会影响免疫球蛋白的产生，因此影响免疫效果。近年来，营养免疫学的研究表明，多种营养物质，如维生素 A、维生素 E、硒及锌等，都与机体的免疫功能有关，缺乏这些营养物质，就可造成机体免疫功能下降，从而影响免疫效果。

⑤免疫方法失误。免疫方法失误是常见的影响免疫效果的因素，主要包括疫苗保存不当、疫苗稀释不当、免疫途径错误、免疫剂量不准等。

⑥应激因素。饲养密度过大、舍内温度及湿度过高、寒冷、舍内通风不良、严重的噪声、突然惊吓及突然换料等因素，均可给牛群造成不同程度的应激，从而使其在一段时间内抵抗力降低，影响免疫效果。因此，免疫接种时应尽量避免产生应激因素。

5. 坚持定期驱虫和健胃　结合本地情况，选择驱虫药物。一般是每年春秋两季各进行 1 次全牛群的驱虫，平常结合转群、转饲时实施；犊牛在 1 月龄和 6 月龄各驱虫 1 次，育肥牛在育肥之前也要驱虫，母牛在空怀期驱虫为宜。若采用内服驱虫的方法，则前 1 天晚上不喂牛草料，给足饮水，翌日早晨，根据牛的体重大小来确定用药量，驱虫药用温水稀释灌服效果较好。驱虫 7 天后，用同样方法再驱 1 次效果更好。驱虫后 3 天内的粪便要及时清除，因随粪便一同排出的寄生虫和虫卵不会全部死亡，这样做可降低二次（或交叉）感染的概率。驱虫后 2~3 天，用健胃散（或适量的人工盐、酵母片及大黄苏打片等）给牛健胃，以增强牛胃肠道的消化功能和对营养物质的吸收作用。驱虫用药期间，要加强护理和必要的对症治疗，重症的要单槽饲养，多给温的淡盐水，少给富含脂肪的草料，驱虫 3 天后，仍有腹泻不止的，可用磺胺咪等药物治疗，症状较重（如瘦弱或浮肿）的牛，可采取强心补液、加强营养和护理等对症治疗措施。

常用驱虫药：丙硫咪唑每千克体重10～20毫克，驱牛新蛔虫、胃肠线虫、肺线虫；吡喹酮每千克体重30～50毫克，驱绦虫、血吸虫；硫双二氯酚（别丁）每千克体重40～60毫克驱肝片吸虫；贝尼尔每千克体重3～5毫克，配成5％～7％的溶液，深部肌内注射驱伊氏锥虫、梨形虫和牛泰勒虫；磺胺二甲基嘧啶每千克体重100毫克，驱牛球虫。近年上市的新驱虫药较多，如伊维菌素、阿维菌素及其复方制剂等效果较好，可根据实际情况选用。

6. 杀虫、灭鼠　杀灭牛场中的有害昆虫（蚊、蝇、节肢动物等）和老鼠等野生动物，是消灭疫病传染源和切断其传播途径的有效措施。这在控制牛场的传染性疫病，保障人畜健康方面具有十分重要的意义，是综合性防疫体系中环境控制的一项重要措施。

（1）杀虫。规模化牛场有害昆虫主要指蚊、蝇等媒介节肢动物。杀灭方法可分为物理学方法、生物学方法和化学方法。物理学方法除捕捉、拍打、黏附等外，电子灭蚊灯在牛场中也有一定的应用价值。生物学方法的关键在于环境卫生状况的控制。化学方法则是使用化学杀虫剂在牛舍内进行大面积喷洒，向场区内外的蚊、蝇栖息地、滋生地进行滞留喷洒。

（2）灭鼠。灭鼠法可分为生态灭鼠法、化学灭鼠法和物理灭鼠法。由于规模化牛场占地面积大、牛数量多，采用鼠夹、鼠笼、电子猫等物理灭鼠法效果较差，现多不采用。在有鼠害的牛场，应在对害鼠的种类及其分布和密度调查的基础上制订灭鼠计划。使用各类杀鼠剂制成毒饵后大面积投放，场外可使用速效杀鼠剂，一次投足剂量；场内可使用慢效杀鼠剂全面布放，应及时收集、处理鼠尸。

四、建立疫病监测制度

疫病监测是利用血清学、病原学等方法，对养殖场（户）饲养的动物的病原或免疫（感染）抗体进行动态监测，以掌握动物群体的健康状况，及时发现疫病和疫情隐患，尽早采取有效防制措施。

（1）适龄牛必须进行布鲁氏菌病、结核病的检疫监测。母牛养殖场（户）每年开展2次结核病及1次布鲁氏菌病的监测工作，要求对适龄牛监测率达100％。

（2）布鲁氏菌病、结核病监测及判定方法按农业农村部颁布的标准执行。布鲁氏菌病采用虎红平板凝集试验、试管凝集试验、补体结合反应的方法判定；结核病用牛提纯结核菌素皮内变态反应方法进行检疫。

（3）结核病检疫。初生犊牛，应于 20～30 日龄时，用牛提纯结核菌素皮内注射法进行第 1 次检测；假定健康牛群的犊牛除隔离饲养外，还应于 100～120 日龄进行第 2 次检测。凡检出的阳性牛只均应及时进行淘汰处理，疑似反应者，隔离 30 天后进行复检，复检为阳性牛只应立即进行淘汰处理，若其结果仍为可疑反应时，经 30～45 天后再复检，如仍为疑似反应，应判为阳性。检出结核阳性反应的牛群，经淘汰阳性牛后，认定为假定健康牛群。假定健康牛群还应该每年用牛提纯结核菌素皮内变态反应进行 2 次以上检测，及时淘汰阳性牛，对可疑牛处理同上；连续 2 次检测不再发现阳性反应牛时，可认为是健康牛群。健康牛群结核病每年检测率需达 100%，如在健康牛群中（包括犊牛群）检出阳性反应牛时，应于 30～45 天进行复检，连续 2 次检测未发现阳性反应牛时，认定是健康牛群。

（4）布鲁氏菌病的检疫。每年牛群检测率应为 100%，凡检出阳性牛应立即淘汰，对疑似反应牛必须进行复检，连续 2 次为疑似反应者，应判为阳性。犊牛在 80～90 日龄进行第 1 次检测，6 月龄进行第 2 次检测，均为阴性者，方可转入健康牛群。

（5）牛引进与出售时的检疫。运输前应报告当地动物防疫监督机构，经检疫合格，签发检疫证明后，方准运出，禁止将病牛出售和经营疫区内的动物及其产品。由外地引进牛时，应先向当地兽医行政主管部门提出申请，并经批准后方可引进，必须在引进地进行口蹄疫、布鲁氏菌病、结核病等疫病的检疫，呈阴性者，凭当地动物防疫监督机构签发的有效检疫证明方可运输和引进。入场后，隔离、观察 1 个月，经布鲁氏菌病、结核病等检疫呈阴性反应者，转入健康牛群。如发现阳性反应牛只，应立即隔离淘汰，其余阴性牛再进行 1 次检疫，全部阴性时，方可转入健康牛群。

（6）上述所谓阳性牛的淘汰，要按照《中华人民共和国动物防疫法》规定进行，严禁转移出售，以防止新的疫情发生和蔓延，禁止当普通牛进行屠宰、加工和出售，以防止该病传染给人。

第二节　繁殖母牛产科疾病防治

一、子宫内膜炎

牛子宫内膜炎是常见的产科疾病，病原微生物侵入子宫，主要引起母牛子宫内膜上皮细胞损伤、子宫积脓等。炎症程度不同，子宫内膜炎修复所需的时间不同，对母牛繁殖性能的影响也不同，可引起母牛不孕、产犊间隔延长，甚至母牛屡配不孕以致淘汰。

1. 子宫内膜炎的分类 根据病程的长短，可分为急性子宫内膜炎和慢性子宫内膜炎。慢性由急性转化而来，慢性子宫内膜炎有时会急性发作。慢性子宫内膜炎分为卡他性子宫内膜炎、卡他性脓性子宫内膜炎、脓性子宫内膜炎、隐性子宫内膜炎。子宫内膜炎常因炎症的扩散引起子宫肌炎和子宫浆膜炎及盆腔炎等。

（1）急性子宫内膜炎。多发于牛产后及流产后，表现有黏液性或脓性黏液。母牛体温稍升高，食欲下降，有时会出现拱背、努责、排尿姿势，从阴门排出少量黏液或脓性分泌物。

（2）慢性子宫内膜炎。

①卡他性子宫内膜炎。牛发情周期正常，但屡配不孕或胚胎死亡。子宫腔内渗出物排不出而引发子宫积水，冲洗子宫回流液略混浊，类似清鼻液或淘米水。

②卡他性脓性子宫内膜炎。病牛有轻度全身反应，发情不正常，阴门中排出灰白色或黄褐色稀薄脓液，尾根部、阴门和飞节上常黏有阴道排出物或干痂。冲洗回流液如绿豆汤或米汤样，其中有小脓块或絮状物。

③脓性子宫内膜炎。从阴门中排出脓性分泌物，母牛卧下时排出的较多，阴门周围皮肤及尾根部黏附着脓性分泌物，干后变为薄痂。

④隐性子宫内膜炎。子宫不发生肉眼可见的变化。直肠检查和阴道检查无任何变化，发情周期正常，但屡配不孕。牛发情时子宫流出的分泌物较多，有时分泌物略微混浊。子宫内液体抹片，镜检可见有中性白细胞聚集。

实际生产中，母牛发情期时，可以利用生物试验法对母牛临床症状不明显的子宫内膜炎进行诊断，随后检验子宫黏液中的含硫氨基酸，可用硝酸银试验法进行大批量检验。

2. 子宫内膜炎的发病原因 引起牛子宫内膜炎的原因比较复杂，是外界环境和母牛自身因素综合作用的结果。正常情况下，母牛子宫内并不是无菌状态，而是许多种菌群处于平衡的状态，但是在分娩中及产褥期，产道打开，加上母牛身体虚弱，抵抗力降低，条件致病菌趁机侵入，导致菌群平衡被破坏，引起子宫内膜炎，其中外源性感染为主要原因。引起子宫内膜炎的外因有很多，助产时操作不当引起的机械损伤、助产时消毒不严格带入病原微生物、产后护理不当、牛引产、胎衣剥离等造成机械损伤，以及母牛产犊时年龄和季节因素等，饲料营养搭配不均衡，产房消毒不彻底，通风不良，这些都是子宫内膜炎的诱发因素。虽然大多数牛在产后最初 2 周内能清除子宫内的病原，但是因为有病原微生物存在，子宫复旧延迟，影响母牛的受胎率。

病原微生物入侵是子宫内膜炎发生的主要原因，牛个体抵抗力差异也是该病发生的重要因素。子宫的防御机制是保护子宫免受外界微生物侵扰的重要屏障，当外界微生物入侵子宫时，子宫防御屏障会做出拦截反应，子宫收缩可以排出一部分恶露和病原；子宫的第 2 道防御屏障是子宫内膜上存在的免疫细胞。病原微生物通过第 1 道防御屏障后，免疫细胞会分泌细胞因子，激发机体产生免疫应答，免疫球蛋白消灭进入子宫的病原微生物。这两种防御屏障都没能阻止病原微生物时就引起子宫内膜炎。

3. 子宫内膜炎的诊断

（1）临床诊断。主要有外部观察法和直肠检查法。急性子宫内膜炎多见于产后或流产后的母牛，病牛体温升高、食欲不振、拱背、努责，阴道分泌物呈黏性或脓性，有臭味。阴道检查可见絮状黏液，子宫颈口略开张。直肠检查发现病牛的子宫角增大，子宫壁增厚，弹性变差，触诊有波动。这种方法对操作人员的要求比较高。用内窥镜检查阴道也可以作为一种诊断方法，但是牛子宫颈存在弯曲，因此只能观察到子宫颈口和阴道分泌物的特点。为了确诊牛的子宫内膜炎，除了临床观察之外，还要提取病料进行实验室诊断。也可以结合 B 型超声诊断仪进行检查。

（2）实验室诊断。牛子宫内膜炎的实验室诊断方法有多种，常用的有子宫内膜活检、子宫内膜细胞学诊断、子宫颈口黏液的白细胞检查、精液生物学诊断、尿液和硝酸银诊断法。子宫内膜活检是根据子宫内膜细胞中多核型细胞（PMN）的比例可间接反映子宫内膜发炎情况进行诊断的。用于诊断牛子宫内膜炎的试纸条，其显色是由产后子宫内分泌物中中性粒细胞的多少决定的，进而对子宫内膜发炎情况进行诊断。

细菌、真菌、病毒和支原体等都能引起牛子宫内膜炎，不同地域、不同牛场的病原微生物存在着差异。临床症状相似的病牛，病原也不完全相同，仅根据临床症状用药，对部分病例效果不显著，因此需要对病牛子宫内容物进行分离鉴定，确定病原微生物种类，进行针对性治疗。传统的病原微生物分离鉴定是培养病牛子宫内容物，根据菌落状态、镜检结果和生化鉴定，来判断引起子宫内膜炎的主要病原。

（3）隐性子宫内膜炎的诊断。由于隐性子宫内膜炎临床症状不明显，早期不易被发现，易被忽视或误诊，往往延误了最佳治疗时间，使其转化为显性的顽固性炎症，导致母牛长期不孕。隐性子宫内膜炎的诊断可采用以下方法。

①生物试验法。在载玻片上分别滴 2 滴精液，其中的 1 滴加入从发情母牛子宫颈采集的黏液，将液滴盖上盖玻片，在显微镜下检查。如果精子在黏液中逐渐不运动或凝集，则为子宫内膜炎阳性。

②含硫氨基酸诊断方法。该方法简便、快速、准确。将 0.5% 醋酸铅溶液 4 毫升加入试管中，再加入 14 滴 20% 的氢氧化钠溶液和 1～1.5 毫升的子宫内容物，然后轻轻摇动试管，用酒精灯加热 3 分钟，但不要沸腾。若被检子宫内容物中有含硫氨基酸时，混合物便呈现为褐色或黑色，这时即可诊断为隐性子宫内膜炎。使用本方法应在输精前采集子宫内容物；否则，含硫氨基酸会随精液进入子宫内，从而降低诊断的准确性。

③硝酸银试验法。由于牛发生子宫内膜炎后，其子宫壁中产生组织胺的肥大细胞明显增多，因而可通过检查尿液中的胺间接进行子宫内膜炎的诊断。向已加有 2 毫升被检尿液的试管中加入 1 毫升 5% 硝酸银水溶液，在酒精灯上煮沸 2 分钟，试管出现沉淀：黑色为阳性反应，褐色和更淡的颜色为阴性反应。

4. 子宫内膜炎的治疗　根据不同类型的子宫内膜炎采取有针对性的治疗方案。

（1）急性子宫内膜炎的治疗。消除全身症状，制止感染扩散，促进子宫收缩，可肌内注射青霉素 320 万单位、链霉素 300 万单位，每天 2 次，连用 3～5 天，同时采用子宫灌注法。0.1% 新洁尔灭冲洗子宫，再用生理盐水冲洗至洗液透明。

中药方剂：车前子 50 克、益母草 60 克、双花 50 克、党参 60 克、土茯苓 50 克、黄芪 30 克、连翘 40 克、桃仁 30 克、知母 30 克、黄檗 30 克、炮姜 15 克、泽兰叶 30 克、炙甘草 20 克、白芍 30 克、香附 30 克、红花 20 克、延胡索 20 克。水煎取汁，每天分 2 次灌服，3 天为一疗程。

（2）慢性子宫内膜炎的治疗。采取冲洗子宫法时，可根据具体情况结合症状，再使用抗生素或防腐药，最好用药前先做药敏试验，根据结果选用高敏药物。冲洗时严格遵守消毒规则，小剂量反复冲洗，直至冲洗液透明为止。

子宫积水或子宫积脓的病例，先排出子宫内积留的液体再进行冲洗。当子宫颈收缩，冲洗管不易通过时，注射雌激素促使子宫颈开张，并加强子宫收缩。产后几天或子宫壁肌肉层发炎时不用或慎用冲洗法。冲洗液常用 0.1%

高锰酸钾、0.02% 新洁尔灭、生理盐水、2% ～ 10% 高渗盐水等溶液。一次注入冲洗液以 100 毫升左右为宜。

①卡他性子宫内膜炎治疗。冲洗法和灌注法相结合。冲洗液可任选一种，灌注药采用氯霉素 1.5 克、呋喃唑酮 0.5 克、植物油 20 毫升。一次注药 5 天后检查，如未愈再重复注药一次或灌注 0.1% 乳酸环丙沙星溶液 50 毫升，每天 1 次，连用 3～4 天。

②卡他性脓性子宫内膜炎和脓性子宫内膜炎的治疗。一般采用先冲洗后，再注入子宫抗菌消炎制剂，如中药黄檗、苦参、龙胆草、穿心莲、益母草各 20 克，水煎浓缩至 40 毫升，隔日 1 次。并配合激素疗法，肌内注射己烯雌酚 20～30 毫克，隔日 1 次。或 15 -甲基前列腺素 $F_2\alpha2～4$ 毫克/次，每天 2 次。当子宫内脓液较少时，可直接子宫灌注 5%～10% 鱼石脂液，每次 100 毫升，每天 1 次，连用 3 天。

对含有脓性分泌物的病牛，可用卢格氏液，或 0.1% 高锰酸钾液，或 0.05% 呋喃西林液，或 3%～5% 氯化钠液，冲洗子宫。卢格氏液配制方法：碘 25 克、碘化钾 25 克，加蒸馏水 50 毫升溶解后，再加蒸馏水到 500 毫升，配成 5% 碘溶液备用。用时取 5% 碘溶液 20 毫升，加蒸馏水 500 毫升，一次灌入子宫。碘溶液具有很强的杀菌力，用时由于碘的刺激性，可促使子宫的慢性炎症转为急性过程，因而可使子宫黏膜充血，炎症渗出增加，加速子宫的净化过程，促使子宫早日康复。

对于脓性或卡他性脓性子宫内膜炎的治疗，可用前列腺素及其类似物，一次向子宫腔内注射 2～6 毫克，能获得良好效果。对已纤维化的子宫内膜炎，禁止冲洗子宫，以防炎症扩散。为了消除子宫内渗出物，可用药物促使子宫收缩，并向子宫腔内投入土霉素胶囊。

（3）隐性子宫内膜炎的治疗。可子宫灌注抗生素。母牛发情后在输精前 2 小时子宫注入青霉素 160 万单位，链霉素 100 万单位、生理盐水 50 毫升左右。输精后 2 小时子宫注入青霉素 320 万单位、链霉素 200 万单位、生理盐水 50 毫升左右。

（4）母牛产后子宫保健方案。

①母牛产后 1 天（待胎衣排出后），将土霉素泡腾片放入子宫内，可防止子宫感染。

②母牛产后 3 天，如果有子宫蓄脓、胎衣不下、胎衣不全、恶臭、发热等症状时，可用土霉素、呋喃西林各 10 克加蒸馏水配成 500 毫升的溶液进行子

宫软管投药，一次一瓶，间隔 2～3 天，连投 3 次。如果积液严重，还可以适当加一些子宫收缩药。

③产后 15 天左右，子宫颈口基本恢复，软管已无法进入。这时如果发现子宫仍然有大量积脓，可用土霉素、环丙沙星加雌激素（雌激素主要起松弛子宫颈口的作用，防止投药时造成子宫损伤）进行硬管投药，一次 250 毫升左右，连投 1～2 次。

④产后 40 天后可肌内注射前列烯醇等促使奶牛发情，检查其黏液判断子宫内的情况，防止隐性子宫内膜炎。如果这时发现子宫黏液中还含有少量白脓，则表明子宫深处依然有炎症，可用青、链霉素配成 50～60 毫升溶液，用外套管再进行一次投药治疗。

5. 子宫内膜炎的预防

（1）严格操作规程。人工授精或难产助产时，严格按照操作规则进行，使用的器械及操作人员的手臂要严格消毒。孕检、人工授精、难产助产时，操作不能粗暴，以防止损伤子宫颈及子宫组织。分娩或流产后数天之内，给予合适的药物进行及早治疗，以防炎症扩散，避免急性子宫内膜炎转为慢性子宫内膜炎影响牛的繁殖机能。

（2）加强饲养管理。引起子宫内膜炎的病原微生物多为条件致病菌，普遍存在于牛的生活环境中，因此平时的饲养管理中应及时清除粪便，注意圈舍消毒，特别要注意产房产床消毒和产后母牛外阴部消毒。围产期的牛要注意营养均衡，减少难产的发生率。产后虚弱的牛应及时补糖补盐，以提高母牛抵抗力。夏季气温高适合病原微生物繁殖，因此应该控制产犊季节，避免 6—9 月高温季节分娩。

二、子宫内翻及脱出

子宫内翻是指子宫角前端翻入子宫或阴道内。子宫脱出是指子宫角、子宫体、阴道、子宫颈全部翻出于阴门外，两者是同一病理过程，只是程度不同。以年老与经产牛多发，常发生在分娩后数小时内，分娩 12 小时以后极为少见。

1. 病因 胎次过多或者年龄过大，或者胎儿过大，胎水过多，双胎等引起子宫过度扩张，子宫括约肌悬韧带松弛，子宫弹性不足，胎儿产出后，腹压过大，子宫容易脱出。饲料营养成分单一，饲料质量较差，造成母牛体质较弱，血钙水平较低，微量元素缺乏。运动不足，造成妊娠牛体质弱，全身张力下降。助产不规范，粗暴助产，胎儿产出太快也容易造成子宫脱出。产程过长、死胎，造成子宫液体流失，产道过干，也容易造成子宫脱出。

2. 症状　子宫角内翻程度较轻，牛常不表现临床症状，在子宫复旧过程中可自行复原。如子宫角通过子宫颈进入阴道，病牛常表现不安、经常努责、尾根举起、食欲减退、反刍减少。徒手检查阴道时会触摸到柔软圆形瘤状物，直肠检查可摸到肿大的子宫角呈套叠状，子宫阔韧带紧张。如子宫脱出，可见到阴门外长椭圆形袋状物，往往下垂到跗关节上方，其末端有时分2支，有大小2个凹陷，脱出的子宫有鲜红色乃至紫红色的散在的母体胎盘。子宫脱出时间较久，脱出的子宫易发生瘀血和血肿，黏膜受损伤和感染时，可继发大出血和败血症。

3. 诊断　根据发病时间和临床症状即可确诊。

4. 治疗　子宫脱出必须施行整复手术，将脱出的子宫送入腹腔，使子宫复位。

（1）整复前的准备工作。

人员准备：术者1人，助手3~4人。

药品准备：备好新洁尔灭、5%碘酊、2%普鲁卡因、明矾、高锰酸钾、磺胺粉、抗生素等。

器械准备：备好脸盆、毛巾、瓷盘、缝针、缝线、注射器与针头等。

（2）整复步骤。

麻醉：为防止和减弱病牛努责，用2%普鲁卡因2~4毫升做尾椎封闭。

冲洗子宫：用0.1%新洁尔灭清洗病牛后躯，用温的0.1%高锰酸钾溶液彻底冲洗子宫黏膜。胎衣未脱落者，应先剥离胎衣。为了促使子宫黏膜收缩，可再用2%~3%明矾水溶液冲洗。

复位：用消过毒的瓷盘将子宫托起，与阴门同高，不可过高或过低。术者将子宫由子宫角顶端开始慢慢向盆腔内推送。推送前应仔细检查脱出的子宫有无损伤、穿孔或出血。损伤不严重时，可涂5%碘酊；损伤程度较大、出血严重或子宫穿孔时，应先缝合。术者应用拳头或手掌部推送子宫，决不可用手指推送。

将子宫送回腹腔后，为使子宫壁平整，术者应将手尽量伸入子宫内，以掌部轻轻按压子宫壁或轻轻晃动子宫，促使其归位。

为防止子宫感染，可用土霉素2克或金霉素1克，溶于250毫升蒸馏水中，灌入子宫。也可向子宫灌入3 000~5 000毫升刺激性较小的消毒液，利用液体的重力使子宫复位。为防止病牛努责或卧地后腹压增大使复位的子宫再度脱出，可缝合阴门，常采用结节缝合法，缝合 3～5 针（上部密缝，下部可稀），以不妨碍排尿为宜。对治疗后的病牛应随时观察，如无异常，可于 3～4 天后拆除缝线。同时配合全身治疗，防止全身感染。

子宫内翻，早期发现并加以整复，预后良好。子宫脱出，常会因并发子宫内膜炎而影响母牛受孕能力。子宫脱出时间较久，无法送回或损伤及坏死严重，整复后有可能引起全身感染的牛可施行子宫切除术。同时，要强心补液，消炎止痛，以防止全身感染，提高母牛抵抗力。

5. 预防 加强饲养管理，保证矿物质及维生素的供应。妊娠牛每天应有 1～1.5 小时的运动，以增强身体张力。做好助产工作。产道干燥时，应灌入滑润剂。牵引胎儿时不应用力过猛，拉出胎儿时速度不宜过快。母牛分娩及分娩后，应单圈饲养，有专人看护，以便及时发现病情，尽早处理。

三、胎衣不下

胎衣不下又称胎衣停滞，指母牛产出犊牛后，胎衣不能在正常时间内脱落、排出而滞留于子宫内。胎衣脱落时间超过 12 小时，存在于子宫内的胎衣会自溶，遇到微生物还会腐败，尤其是夏季，滞留物会刺激子宫内膜发炎。产后胎衣应在 12 小时内全部排出，母牛产后 12 小时内未排出胎衣，就可认为是胎衣不下。

1. 病因 胎衣不下主要与产后子宫收缩无力、妊娠期间胎盘发生炎症及牛的胎盘生理构造有关。

（1）引起产后子宫收缩无力的原因。

①饲料单一、营养不平衡、缺乏微量元素和维生素，特别是维生素 A、维生素 E 和硒；粗饲料质量差，采食量少，子宫收缩无力；牛老体弱，内分泌失调；长期舍饲，运动不足。

②双胎，胎儿过大，胎水过多，使子宫过度扩张，继发产后阵缩无力。

③早产、流产时，胎盘上皮尚未老化、变性；雌激素分泌不足，血液中孕酮含量高，子宫收缩无力。

④难产或子宫捻转时子宫肌疲劳，收缩无力。

⑤产后不哺乳犊牛。犊牛吮乳能刺激催产素的分泌，增强子宫收缩，促使胎衣排出。

（2）妊娠期间，子宫受感染（如李氏杆菌、沙门氏菌、胎儿弧菌、布鲁氏菌、霉菌、弓形虫感染等），发生子宫内膜炎、胎盘炎等，引起母子胎盘的粘连。

（3）牛胎盘类型属于子叶型胎盘，产后易引起胎衣不下。

2. 症状　根据胎衣在子宫内滞留的多少，将胎衣不下分为全部胎衣不下和部分胎衣不下。

（1）全部胎衣不下。指整个胎衣滞留于子宫内。多因子宫坠垂于腹腔或胎盘端脐带断端过短所致。外观仅见少量胎膜悬垂于阴门外，或看不见胎衣。一般病牛无任何表现，有些头胎母牛有不安、举尾、弓腰和轻微努责症状。

滞留于子宫内的胎衣，只有在检查胎衣，或经 1～2 天后，由阴道内排出腐败的、呈污红色、熟肉样的胎衣块和恶臭液体时才被发现。这时由于腐败分解产物的刺激和被吸收，病牛会发生子宫内膜炎，表现出全身症状，如体温升高、拱背努责、精神不振、食欲与反刍稍减、胃肠机能紊乱。

（2）部分胎衣不下。指大部分胎衣排出或垂附于阴门外，只有少部分与子宫粘连。垂附于阴门外的胎衣，初为粉红色，后由于受外界的污染，上黏有粪、草屑、泥土等。夏季易发生腐败，色呈熟肉样，有腐臭味，阴道内排出褐色、稀薄、腐臭的分泌物。

通常，胎衣滞留时间不长，对母牛全身影响不大，食欲、精神、体温都正常。胎衣滞留时间较长时，由于胎衣腐败、恶露潴留、细菌滋生、毒素被吸收，病牛出现体温升高、精神沉郁、食欲减退或废绝。

3. 诊断　根据临床症状（胎衣不下），予以确诊。个别牛有吃胎衣的现象，也有胎衣脱落不全者，在母牛分娩后要注意观察胎衣的脱落情况及完整性，发现问题应尽早做阴道检查，以免贻误治疗时机。

4. 治疗　治疗原则是增加子宫的收缩力，促使母子胎盘分离，预防胎衣腐败和子宫感染。

（1）药物治疗。

①促进子宫收缩。一次肌内注射垂体后叶素 100 国际单位，或麦角新碱 20 毫克，2 小时后重复用药。促进子宫收缩的药物必须尽早使用，产后 8～12 小时效果最好，超过 24～48 小时，则必须在补注类雌激素（己烯雌酚 10～30 毫克）后半小时至 1 小时使用。灌服无病牛的羊水 3 000 毫升，或静脉注射 10%氯化钠 300 毫升，也可促进子宫收缩。

②预防胎衣腐败及子宫感染。将土霉素 2 克或金霉素 1 克，溶于 250 毫升蒸馏水中，一次灌入子宫，或将土霉素等撒于子宫角，隔天 1 次，经 2～3 次，胎衣会自行分离脱落，效果良好。药液也可一直灌用至子宫阴道分泌物清亮为

止。如果子宫颈口已缩小，可先注射己烯雌酚 10～30 毫克，隔日 1 次，以开放子宫颈口，增强子宫血液循环，提高子宫抵抗力。

③促进胎儿与母体胎盘分离。向子宫内一次性灌入 10％灭菌高渗盐水 1 000毫升，其作用是促使胎盘绒毛膜脱水收缩，从子宫阜中脱落，高渗盐水还具有刺激子宫收缩的作用。

④中药治疗。用酒（市售白酒或 75％乙醇）将车前子（250～330 克）拌湿，搅匀后用火烤黄，放凉碾成粉面，加水灌服。应用中药补气养血，增加子宫活力：党参 60 克、黄芪 45 克、当归 90 克、川芎 25 克、桃仁 30 克、红花 25 克、炮姜 20 克、甘草 15 克，黄酒 150 克作引。体温高者加黄芩、连翘、二花，腹胀者加莱菔子，混合粉碎，开水冲浇，连渣服用。

（2）手术治疗。即胎衣剥离。目前治疗胎衣不下多采用胎衣剥离并撒布抗生素的方法。施行剥离手术的原则是胎衣易剥离的牛，坚持剥离；否则，不可强行剥离，以免损伤母体子叶，引起感染。剥离后可隔天撒布金霉素或土霉素。同时，配合中药治疗效果更好：黄芪 30 克、党参 30 克、生蒲黄 30 克、五灵脂 30 克、当归 60 克、川芎 30 克、益母草 30 克，腹痛、瘀血者加醋香附 25 克、泽兰叶 15 克、生牛膝 30 克，混合粉碎，开水冲服。

5. 预防　为促进机体健康，增强全身张力，应适当增加并保证妊娠牛的运动时间；妊娠牛日粮中应含有足够的矿物质和维生素，特别是钙和维生素 A、维生素 D、维生素 E，尤其是牛场中胎衣不下的母牛占分娩母牛的 10％以上时，便应着重从饲养管理的角度解决问题。

加强防疫与消毒，助产时应严格消毒，防止产道损伤和污染。凡由布鲁氏菌等所引起流产的母牛，均应与健康牛群隔离，胎衣应集中处理。对流产和胎衣不下高发的牛场，应从疾病的角度考虑和解决问题，必要时进行细菌学检查。

老年牛和高产的乳肉兼用牛临产前和分娩后，应补糖补钙（20％葡萄糖酸钙、25％葡萄糖各 500 毫升），产后立即肌内注射垂体后叶素 100 国际单位或分娩后让母牛舔干犊牛身上的羊水。在胎衣不下多发的牛场，母牛产后应及时饮用温热的益母草水。产后应喂给温热的麸皮食盐水 15～25 千克，产后使犊牛尽早吸吮乳汁对促使胎衣脱落有益。

四、流产

流产是由于胎儿或母体的生理过程发生紊乱，或它们之间的正常关系遭到破坏，使妊娠中止，导致母体排出胎儿的过程。流产可发生在妊娠的各个阶段，以妊娠早期较为多见。流产所造成的损失是严重的，不仅使胎儿夭折或发育受到影响，而且还会危害母牛的健康，并引起生殖器官疾病或导致不孕。

1. 病因　流产的原因很多，概括起来有 3 类，即普通流产、传染性流产和寄生虫性流产，每类流产又可分为自发性流产和症状性流产。自发性流产是胎儿与胎盘发生异常或直接受到影响而发生的流产。症状性流产即流产是妊娠牛患某些疾病的症状或饲养管理不当的表现。

（1）普通流产。普通流产的原因很多，也很复杂。

①自发性流产。亲本染色体异常引起胎儿死亡或畸形；胎膜及胎盘发生异常，如胎膜及胎盘无绒毛或绒毛发育不全，子宫的部分黏膜发炎变性，阻碍了绒毛与黏膜的联系，使胎儿与母体间的物质交换受到限制，胎儿不能发育；卵子或精子的缺陷导致胚胎发育停滞。

②症状性流产。母牛的普通疾病及生殖激素分泌反常、饲养管理不当等，如子宫内膜炎、阴道炎、孕酮与雌激素分泌紊乱、孕酮分泌不足、瘤胃臌气、瘤胃迟缓及皱胃阻塞、贫血、草料严重不足、维生素缺乏、矿物质不足、饲料品质不良（霜冻、冰冻、霉变、有毒饲料）、饲喂方法不当、机械损伤（碰伤、踢伤、抵伤、跌倒）等。

（2）传染性流产。一些传染病所引起的流产。

①自发性流产。直接危害胎盘及胎儿的病原体有布鲁氏菌、沙门氏菌、支原体、衣原体、胎儿弧菌、病毒性腹泻病毒、结核杆菌等。这些病原引起的疾病均可导致自发性流产。

②症状性流产。引起症状性流产的传染病有传染性鼻气管炎、钩端螺旋体病、李氏杆菌病等，虽然这些病的病原不直接危害胎盘及胎儿，但可以引起母牛的全身性变化而导致胎儿死亡，发生流产。

（3）寄生虫性流产。

①自发性流产。生殖道黏膜、胎盘及胎儿直接受到寄生虫的侵害，如毛滴虫病、弓形虫病等。

②症状性流产。如牛焦虫病、环形泰勒虫病、边虫病、血吸虫病等，这些寄生虫可引起母牛严重贫血，健康受损，胎儿死亡。

2. 症状与诊断　由于流产在妊娠过程中发生的时间、原因及母牛反应不同，流产的病理过程及所引发的胎儿变化、母牛的临床症状也不同。

（1）隐性流产（即胚胎被吸收）。流产发生在妊娠初期，囊胚附植前后。

胚胎死亡后组织液化，被母体吸收或在母牛发情时排出，母牛不表现任何症状。

（2）排出不足月的活胎儿，也称早产。这类流产的预兆及过程与分娩相似，只是不像分娩那样明显，乳房没有渐进性胀大，而是在产前2～3天突然肿胀，阴唇稍有肿胀，阴门有清亮的黏液排出，助产方式也同分娩，对胎儿应精心护理，注意保暖。

（3）排出死亡的胎儿，也称小产，是流产中最常见的一种。妊娠早期，胎儿及胎膜很小，排出时不易被发现；妊娠早期的流产，事前常无预兆；妊娠末期流产的预兆与早产相同，只是在胎儿排出前做直肠检查时发现胎儿已无心跳和胎动，妊娠脉搏变弱。

（4）延期流产（死胎停滞）。胎儿死亡后，如果阵缩微弱，子宫颈不开或开放不全，死胎长期滞留于子宫内并发生一系列变化，如干尸化或浸溶等。胎儿干尸化和浸溶的区别在于黄体萎缩与否、子宫颈开放与否、开放的程度及有无微生物的侵入。妊娠中断后，黄体不萎缩，子宫颈不开放，子宫没有微生物侵入，胎儿组织水分和胎水被吸收，胎儿形成棕黑色干尸样，即胎儿干尸化。只要胎儿顺利排出，预后良好。妊娠中断后，黄体萎缩，子宫颈开放，微生物入侵子宫，胎儿软组织发生气肿和分解液化，即胎儿浸溶。发生胎儿浸溶时，伴发子宫炎、子宫内膜炎，有可能进一步发展为败血症和腹膜炎及脓毒血症，不但预后不良，而且危及母牛的生命。

流产发生时，如果胎儿小，子宫没有细菌等病原体感染，母体全身及生殖器官变化不大，预后良好。

3. 治疗 首先应该综合分析流产的类型，确认妊娠是否能继续维持及发生流产后母牛的体况，在此基础上确定治疗原则。

（1）先兆流产。子宫颈口紧闭，子宫颈栓没有溶解，胎儿依然存活，治疗原则是保胎，肌内注射孕酮50～100毫升，每天1次，连用4天，同时给以镇静剂，如溴剂、氯丙嗪等。

（2）先兆流产的继续发展。子宫颈栓溶解，子宫颈口开放，阴道分泌物增多，胎囊已进入阴道或已破，流产在所难免，应采取措施开放子宫颈，刺激子宫收缩，尽快排出胎儿，必要时在胎儿排出后向子宫内放置抗生素。

（3）延期流产。无论是胎儿干尸化还是胎儿浸溶都应该设法尽快地排出胎儿，清理子宫，子宫内放置抗生素，有全身反应的牛应进行全身治疗，以消炎解毒为主。

4. 预防　如果牛场有流产发生，特别是经常性成批发生，应认真观察胎膜、胎儿及母牛的变化，必要时送实验室检查，做出确切诊断，对母牛及所有成年牛进行详尽的调查分析，采取有效措施，防止再次发生。

第三节　常见不孕症

一、卵巢静止

1. 症状　卵巢静止是卵巢机能受到扰乱后处于静止状态，母牛表现不发情。直肠检查，虽然卵巢大小、质地正常，表面光滑，却无卵泡发育，也无黄体存在。或有残留陈旧黄体痕迹，大小如蚕豆，较软，有些卵巢质地较硬，略小，相隔 7～10 天，甚至 1 个发情周期再做直肠检查，卵巢仍无变化。子宫收缩乏力，体积缩小，外部表现与持久黄体的母牛极为相似，有些病牛消瘦，被毛粗糙无光。

2. 治疗　治疗的原则是恢复卵巢功能。

（1）按摩。隔天按摩卵巢、子宫颈、子宫体 1 次，每次 10 分钟，4～5 次 1 个疗程，结合注射己烯雌酚 20 毫克。

（2）药物治疗。肌内注射促卵泡激素 100～200 国际单位，出现发情和发育卵泡时，再肌内注射促黄体生成素 100～200 国际单位。以上两种药物都用 5～10 毫升生理盐水溶解后使用。

肌内注射孕马血清促性腺激素 1 000～2 000 国际单位，隔天 1 次，2 次为 1 疗程。

隔天注射己烯雌酚 10～20 毫克，3 次为 1 个疗程，隔 7 天不发情再进行 1 个疗程。当出现第 1 次发情时，卵巢上一般没有卵泡发育，不应配种，第 1 次自然发情时，应适时配种。

用黄体酮连续肌内注射 3 天，每次 20 毫克，再注射促性腺释放激素，可使母牛发情。

肌内注射促排卵 3 号（LHRH - A$_3$）25～50 微克，隔天 1 次，连续 2～3 次。

二、持久黄体

发情周期黄体或妊娠黄体超过正常时间（20～30 天）不消退，称为持久黄体或黄体滞留。前者为发情周期持久黄体，后者为妊娠持久黄体，两者与妊娠黄体在组织结构和对机体的生理作用方面没有区别，都能分泌孕酮，抑制卵泡发育，使母牛发情周期停止循环，引起不孕。

1. 病因　饲养管理不当，饲料营养不平衡，缺乏矿物质和维生素，缺少运动和光照；营养和消耗不平衡；气候寒冷且饲料不足；子宫疾病（如子宫炎、子宫积水、子宫积脓、部分胎衣滞留等）都会使黄体不能及时消退，妊娠黄体滞留，造成子宫收缩乏力和恶露滞留，进一步引起子宫复旧不全和子宫内膜炎的发生。

2. 症状　发情周期停止循环，母牛不发情，营养状况、毛色、泌乳等都无明显异常。直肠检查：一侧（有时为两侧）卵巢增大，表面有突出的黄体，有大有小，质地较硬，同侧或对侧卵巢上存在1个或数个绿豆或豌豆大小的卵泡，均处于静止或萎缩状态，间隔5～7天再次检查时，在同一卵巢的同一部位会触到同样的黄体、卵泡，两次直肠检查无变化，子宫多数位于骨盆腔和腹腔交界处，基本没有变化，有时子宫松软下垂，稍粗大，触诊无收缩反应。

3. 诊断　根据临床症状和直肠检查即可确诊，但要做好鉴别诊断。妊娠黄体与持久黄体的区别：妊娠黄体较饱满，质地较软，有些妊娠黄体似成熟卵泡，而持久黄体不饱满、质硬，经过2～3周再做直肠检查，黄体无变化。妊娠时子宫是渐进性的变化，而持久黄体的子宫无变化。

4. 防治　持久黄体的医治应从改善饲料、管理方面着手。目前，前列腺素 $F_{2\alpha}$ 及其类似物是有效的黄体溶解剂。

前列腺素（$PGF_{2\alpha}$）4毫克，肌内注射，或加入10毫升灭菌注射用水后注入持久黄体侧子宫角，效果显著。用药后1周内母牛可发情，配种并能受孕，用药后超过1周发情的母牛，受胎率很低。个别母牛虽在用药后不出现发情表现，但经直肠检查，可发现有发育卵泡，按摩时有黏液流出，为隐性发情，如果配种也可能受胎。

氯前列烯醇，一次肌内注射0.24～0.48毫克，隔7～10天做直肠检查，如无效果可再注射一次。此外，以下药物也可以用于医治持久黄体。

（1）促卵泡激素（FSH）100～200国际单位，溶于5～10毫升生理盐水中肌内注射，经7～10天直肠检查，如黄体仍不消失，可再肌内注射1次，待黄体消失后，可注射小剂量人绒毛膜促性腺激素（HCG），促使卵泡成熟和排卵。

（2）注射促排卵3号（LHRH-A₃）25微克，隔日再肌内注射1次，隔

10 天进行直肠检查，如仍有持久黄体可再进行 1 个疗程。

（3）皮下注射或肌内注射 1 000～2 000 国际单位孕马血清促性腺激素，作用同 FSH。

（4）黄体酮和雌激素配合应用，注射黄体酮 3 次，1 天 1 次，每次 100 毫克，第 2 次及第 3 次注射时，同时注射己烯雌酚 10～20 毫克或促卵泡激素 100 国际单位。

三、隐性发情

1. 病因　生殖激素分泌不平衡，雌激素和黄体酮比例不当；饲料营养不均衡，能量、蛋白、维生素或微量元素等缺乏或比例不当，母牛膘情差；管理不到位，母牛缺乏光照、运动量不足。

2. 症状　牛发情时没有明显的发情表现，发情时不爬跨其他母牛，没有兴奋不安的行为，发情表现微弱，如果不注意观察，很难发现。隐性发情是一种常见的繁殖疾病，常常因为不能及时准确地判断发情而错过最佳的配种时机，影响母牛的受配率，增加了饲养成本。

3. 治疗　加强饲养管理，注意观察发情征状；通过直肠检查卵泡发育情况，有优势卵泡发育成熟，是输精的理想时机。如果卵泡处于中期，可以肌内注射促排药物，如促排卵 3 号 25 微克或人绒毛膜促性腺激素 2 000 国际单位，过 6～8 小时直肠检查看是否排卵，如果没有排卵，可以再次跟踪输精。

四、卵泡萎缩及交替发育

卵泡萎缩及交替发育都是卵泡不能正常发育、成熟到排卵的卵巢机能不全。

1. 病因　卵巢萎缩是卵巢体积缩小，机能减退，有时发生于一侧卵巢，也有同时发生在两侧卵巢的，表现为发情周期停止，长期不发情。大都发生于体质弱的牛只（如发生全身性疾病、长期饲养管理不当）和老年牛，黄体囊肿、卵泡囊肿或持久黄体的压迫及患卵巢炎同样也会造成卵巢萎缩。本病主要是受气候与温度的影响，长期处于寒冷地区、饲料单一、营养成分不足导致本病发生；运动不足也能引起本病。

2. 症状

（1）卵泡萎缩。临床表现发情周期紊乱，极少出现发情和性欲，即使发情，表现也不明显，卵泡发育不成熟、不排卵，即使排卵，卵细胞也无受精能力。直肠检查，卵巢缩小，仅似大豆或豌豆大小，卵巢上无黄体和卵泡，质地坚硬，子宫缩小、迟缓、收缩微弱。间隔 1 周，经几次检查，卵巢与子宫仍无变化。在发情开始时，卵泡的大小及发情表现与正常发情一样，但卵泡发育缓慢，中途停止发育，保持原状 3～5 天，以后逐渐缩小，波动及紧张度也逐渐减弱，外部发情征状逐渐消失，发生萎缩的卵泡可能是 1 个或 2 个以上，也可发生在一侧或两侧。因为没有排卵，卵巢上也没有黄体形成。

（2）卵泡交替发育。一侧卵巢上原来正在发育的卵泡停止发育并逐渐萎缩，而在对侧或同侧卵巢上又有数目不等的卵泡出现并发育，但发育不到成熟又开始萎缩，此起彼落。其最后结果是其中 1 个卵泡发育成熟并排卵，暂无新的卵泡发育。卵泡交替发育的外在发情表现随卵泡发育的变化而有时旺盛，有时微弱，呈断续或持续发情，发情期拖延 2～5 天，有时长达 9 天，但一旦排卵，1～2 天即停止发情。

卵泡萎缩和交替发育需要多次直肠检查，并结合外部发情表现才能确诊。

3. 治疗

（1）促卵泡激素（FSH）。肌内注射 100～200 国际单位，每天或隔天 1 次，具有促进卵泡发育、成熟、排卵作用。人绒毛膜促性腺激素（HCG）对卵巢上已有的卵泡具有促进成熟、排卵并生成黄体的作用，与促卵泡激素结合使用效果更佳，肌内注射 5 000 国际单位，静脉注射只需 3 500 国际单位。

（2）孕马血清促性腺激素。肌内注射 1 000～2 000 国际单位，肌内注射作用同 FSH。

（3）促排卵 3 号（LHRH－A$_3$）50 微克，肌内注射，隔天 1 次，连用 3 天，接着肌内注射三合激素 4 毫升。

（4）人绒毛膜促性腺激素（HCG）10 000～20 000 国际单位，肌内注射，隔天再注射 1 次。

（5）加强饲养管理。治疗原则是年老体衰者淘汰，有全身疾病的及时治疗原发病，加强饲养管理，增加蛋白质、维生素和矿物质饲料的供给，保证足够的运动，同时配合以上不同药物治疗。

五、排卵延迟

1. 病因　排卵延迟的主要原因是垂体分泌促黄体生成素不足，激素的作用不平衡，其次是气温过低或突变，饲养管理不当。

2. 症状　卵泡发育和外表发情表现与正常发情一样，但成熟卵泡比一般正常排卵的卵泡大，所以直肠触摸与卵巢囊肿的最初阶段极为相似。

3. 治疗　排卵延迟的治疗原则是改进饲养管理条件，配合药物治疗，所用药物有：

（1）促黄体生成素。肌内注射 100～200 国际单位，在发现发情症状时，肌内注射黄体酮 50～100 毫克。对于因排卵延迟而屡配不孕的牛，在发情早期可应用雌激素，晚期可注射黄体酮。

（2）促性腺激素释放激素类似物。肌内注射 400 国际单位，于发情中期应用。

六、卵巢囊肿

卵巢囊肿分为卵泡囊肿和黄体囊肿两种。

1. 卵泡囊肿　卵泡囊肿是由于未排卵的卵泡上皮变性，卵泡壁结缔组织增生，卵细胞死亡，卵泡液不被吸收或增多而形成的。卵泡囊肿占卵巢囊肿的 70％以上，其特征是无规律频繁发情或持续发情，甚至出现慕雄狂。慕雄狂是卵泡囊肿的一种症状，其特征是持续而强烈的发情行为，但不是只有卵泡囊肿才引起，也不是卵泡囊肿都具有慕雄狂的症状。卵泡囊肿有时是两侧卵巢上卵泡交替发生，当一侧卵泡挤破或促排后，过几天另一侧卵巢上卵泡又开始发生囊肿。

（1）病因。卵泡囊肿主要原因是垂体前叶所分泌的促卵泡激素过多，或促黄体生成素生成不足，使排卵机制和黄体的正常发育被扰乱，卵泡过度增大，不能正常排卵，卵泡上皮变性形成囊肿。从饲养管理上分析，日粮中的精饲料比例过高，缺少维生素 A；运动和光照减少，诱发舍饲泌乳牛发生卵泡囊肿；不正确地使用激素制剂（如饲料中过度添加或注射过多雌激素），胎衣不下、子宫内膜炎及其他卵巢疾病等引起卵巢炎，使排卵被扰乱，也可伴发卵泡囊肿；有时可能与遗传基因有关。

（2）症状。病牛发情表现反常，发情周期缩短，发情期延长，性欲旺盛，特别是有慕雄狂症状的母牛，经常追逐或爬跨其他牛只，由于过度消耗体力，体质较弱，毛质粗硬，食欲逐渐减退。由于骨骼脱钙和坐骨韧带松弛，尾根两侧处凹陷明显，臀部肌肉塌陷。阴唇肿胀，阴门中排出数量不等的黏液。直肠检查：卵巢上有 1 个或数个大而波动的卵泡，直径可达 2～3 厘米，大的如鸽蛋，泡壁略厚，连续多次检查可发现囊肿交替发生和萎缩，但不排卵，子宫角松软，收缩性差。长期得不到治疗的卵泡囊肿病牛可能并发子宫积水和子宫内膜炎。

（3）治疗。患卵泡囊肿的牛，提倡早发现早治疗，发病6个月之内的病牛治愈率为90％，1年以上的治愈率低于80％，继发子宫积水等的病牛治疗效果更差。一侧多个囊肿，一般都能治愈。在治疗的同时应改善饲养管理条件，否则治愈后易复发。治疗药物如下：

促黄体生成素200国际单位，肌内注射。用后观察1周，如效果不明显，可再用1次。

促性腺释放激素0.5～1毫克，肌内注射。治疗后，产生效果的母牛大多数在12～23天发情，基本上能起到调整母牛发情周期的作用。

人绒毛膜促性腺激素，静脉注射10 000国际单位或肌内注射20 000国际单位。

对出现慕雄狂症状的病牛可以隔日注射黄体酮100毫克，2～3次，症状即可消失。

在使用以上激素效果不显著时可肌内注射10～20毫克地塞米松，效果较好。

2. 黄体囊肿　黄体囊肿是未排卵的卵泡壁上皮黄体化，或者是正常排卵后，由于某些原因，黄体化不足，在黄体内形成空腔，腔内聚积液体。前者称黄体化囊肿，后者称囊肿黄体。囊肿黄体与卵泡囊肿和黄体化囊肿在外形上有显著不同，它有一部分黄体组织突出于卵巢表面，囊肿黄体不一定是病理状态。黄体囊肿在卵巢囊肿中约占25％。

（1）症状。黄体囊肿的临床症状是不发情。直肠检查可以发现卵巢体积增大，多为1个囊肿，大小与卵泡囊肿差不多，但壁较厚而软，不紧张。黄体囊肿母牛血浆孕酮浓度比一般母牛正常发情后黄体高峰期的孕酮浓度还要高，促黄体激素浓度也比正常牛的高。

（2）治疗。同持久黄体。

参 考 文 献

曹兵海，杨军香，2012. 肉牛标准化养殖技术图册 ［M］. 北京：中国农业科学技术出版社.

郭宪，阎萍，梁春年，等，2009. 肉牛双胎技术的研究与应用 ［J］. 中国畜牧杂志（2009年增刊）：240-243.

李新社，2013. 肉牛双胎繁育技术及应用展望 ［J］. 中国牛业科学，16 (4)：62-63, 66.

刘杰，马子馗，孙海峰，2006. 犊牛的生物学特性与饲养管理 ［J］. 黑龙江动物繁殖，14 (4)：27-28.

刘强，闫益波，王聪，2013. 肉牛标准化规模养殖技术 ［M］. 北京：中国农业科学技术出版社.

罗晓瑜，刘长春，2013. 肉牛养殖主推技术 ［M］. 北京：中国农业科学技术出版社.

莫放，李强，2011. 繁殖母牛饲养管理技术 ［M］. 北京：中国农业大学出版社.

桑润滋，2006. 动物繁殖生物技术 ［M］. 北京：中国农业出版社.

桑润滋，2009. 牛羊繁殖控制十大技术 ［M］. 北京：中国农业出版社.

宋恩亮，李俊雅，2012. 肉牛标准化生产技术参数手册 ［M］. 北京：金盾出版社.

王根林，2013. 养牛学 ［M］.3 版. 北京：中国农业出版社.

王居强，闫峰宾，2012. 肉牛标准化生产 ［M］. 郑州：河南科学技术出版社.

魏成斌，2010. 建一家赚钱的肉牛养殖场 ［M］. 郑州：河南科学技术出版社.

徐照学，兰亚莉，2005. 肉牛饲养实用技术手册 ［M］. 上海：上海科学技术出版社.

许尚忠，魏伍川，2002. 肉牛高效生产实用技术 ［M］. 北京：中国农业出版社.

殷元虎，2007. 肉牛标准化生产技术周记 ［M］. 哈尔滨：黑龙江科学技术出版社.

朱化彬，石有龙，王志刚，2018. 牛繁殖技能手册 ［M］. 北京：中国农业出版社.

附　　录

附表 1　肉牛品种登记表

附表 2　母牛生产记录表

附表 3　生长母牛的营养需要

附表 4　妊娠母牛的营养需要

附表 5　哺乳母牛的营养需要

技术规程一　《牛人工授精技术规程》（NY/T 1335—2007）

技术规程二　《牛胚胎移植技术操作规程》（DB 62/T 1307—2005）

技术规程三　《规模化牛场布鲁氏菌病的诊断、净化与防控》

附表 1　肉牛品种登记表

省（区、市）名称：＿＿＿＿　省（区、市）代码：＿＿＿＿　名称：＿＿＿＿　牛场名称：＿＿＿＿　牛场代码：＿＿＿＿　登记日期：＿＿＿＿　登记人：＿＿＿＿

牛号	登记号	品种	出生日期	出生场	断乳日期	体重测量（千克）		
						初生重	断乳重	6 月龄重
性别	血统比例	是否多胎	是否胚胎个体	相关 DNA 检测信息		周岁重	18 月龄重	24 月龄重

体尺测量（厘米）

测定日期	体高	十字部高	体斜长	胸围	腹围	管围	睾丸围

超声波测定（毫米/厘米²）

测定日期	仪器型号	背膘厚	眼肌面积

照片

（续）

系谱

亲代信息	登记号	出生日期	备注
曾祖父号			
祖父号			
曾祖母号			
父号			
祖母号			
曾外祖父号			
外祖父号			
曾外祖母号			
母号			
外祖母号			

母牛繁殖记录

胎次	配种日期	配妊日期	配妊次数	与配公牛	产犊日期	产犊难易	流产日期
1							
2							
3							
4							
5							
6							
7							
8							
9							
10							

注：产犊难易：1为顺产；2为助产；3为难产；4为剖宫产。

附表2　母牛生产记录表

母牛配种记录表

畜主姓名（场、站名）：_____　　所在地：_____　　畜主编号（场编号）：_____　　记录员：_____

母牛号	母牛品种	毛色特征	第1次配种时间	与配公牛	第2次配种时间	与配公牛	第3次配种时间	与配公牛	预产期

母牛产犊记录

畜主姓名（场、站名）：_____　　所在地：_____　　畜主编号（场编号）：_____　　记录员：_____

母畜号	母牛品种	产犊日期	胎次	犊牛编号	犊牛性别	犊牛初生重	犊牛毛色	产犊难易度				备注（是否双胎等）
								顺产	助产	引产	剖宫产	

生长发育记录表

牛号：_____ 断乳日期：_____ 记录员：_____

畜主姓名（场、站名）：_____ 所在地：_____

牛号	品种	体重（千克）	体重测定日期	体高	十字部高	体斜长	胸围	腹围	管围	测量日期
						体尺（厘米）				

疾病情况记录表

畜主编号（场编号）：_____ 记录员：_____

畜主姓名（场、站名）：_____ 所在地：_____

牛号	品种	畜龄	性别	发病日期	疾病名称	处理结果

群体变化情况表

畜主编号（场编号）：_____ 记录员：_____

畜主姓名（场、站名）：_____ 所在地：_____

牛号	品种	畜龄	性别	购入日期或本地出生日期	购入地或本地出生地	离群日期	离群去向	离群原因

附表 3　生长母牛的营养需要

体重 （千克）	日增重 （千克）	干物质 （千克）	肉牛能量 单位（RND）	综合净能 （兆焦）	粗蛋白质 （克）	钙 （克）	磷 （克）
150	0	2.66	1.46	11.76	236	5	5
	0.3	3.29	1.90	15.31	377	13	8
	0.4	3.49	2.00	16.15	421	16	9
	0.5	3.70	2.11	17.07	465	19	10
	0.6	3.91	2.24	18.07	507	22	11
	0.7	4.12	2.36	19.08	548	25	11
	0.8	4.33	2.52	20.33	589	28	12
	0.9	4.45	2.69	21.76	627	31	13
	1.0	4.75	2.91	23.47	665	34	14
175	0	2.98	1.63	13.18	265	6	6
	0.3	3.83	2.12	17.15	403	14	8
	0.4	3.85	2.24	18.07	447	17	9
	0.5	4.07	2.37	19.12	489	19	10
	0.6	4.29	2.50	20.12	530	22	11
	0.7	4.51	2.64	21.34	571	25	12
	0.8	4.72	2.81	22.72	609	28	13
	0.9	4.94	3.01	24.31	650	30	14
	1.0	5.16	3.24	26.19	686	33	15
200	0	3.30	1.80	14.56	293	7	7
	0.3	3.98	2.34	18.91	428	14	9
	0.4	4.21	2.47	19.46	472	17	10
	0.5	4.44	2.61	21.09	514	20	11
	0.6	4.66	2.76	22.30	555	22	12
	0.7	4.89	2.92	23.43	593	25	13
	0.8	5.12	3.10	25.06	631	28	14
	0.9	5.34	2.32	26.78	669	30	14
	1.0	5.57	3.58	28.87	708	33	15

（续）

体重（千克）	日增重（千克）	干物质（千克）	肉牛能量单位（RND）	综合净能（兆焦）	粗蛋白质（克）	钙（克）	磷（克）
225	0	3.60	1.87	15.10	320	7	7
	0.3	4.312	2.60	20.71	452	15	10
	0.4	4.55	2.74	21.76	494	17	11
	0.5	4.78	2.89	22.89	535	20	12
	0.6	5.02	3.06	24.10	576	23	12
	0.7	5.26	3.22	25.36	614	25	13
	0.8	5.49	3.44	26.90	652	28	14
	0.9	5.73	3.67	29.62	691	30	15
	1.0	5.96	3.95	31.92	726	33	16
250	0	3.90	2.20	17.78	346	8	8
	0.3	4.64	2.84	22.97	475	15	11
	0.4	4.88	3.00	24.23	517	18	11
	0.5	5.13	3.17	25.01	558	20	12
	0.6	5.37	3.35	27.03	599	23	13
	0.7	5.62	3.53	28.53	637	25	14
	0.8	5.87	3.76	30.38	672	28	15
	0.9	6.11	4.02	32.48	711	30	15
	1.0	6.36	4.33	34.98	746	33	17
275	0	4.19	2.40	19.37	372	9	9
	0.3	4.96	3.10	25.06	501	16	11
	0.4	5.21	3.27	26.4	543	18	12
	0.5	5.47	3.45	27.87	581	20	13
	0.6	5.72	3.65	29.46	619	23	14
	0.7	5.98	3.85	31.09	657	25	14
	0.8	6.23	4.1	33.10	696	28	15
	0.9	6.49	4.38	35.35	731	30	16
	1.0	6.74	4.72	38.07	766	32	17
300	0	4.47	2.60	21.00	397	10	10
	0.3	5.26	3.35	27.07	523	16	12
	0.4	5.53	3.54	28.58	565	18	13

（续）

体重 （千克）	日增重 （千克）	干物质 （千克）	肉牛能量 单位（RND)	综合净能 （兆焦）	粗蛋白质 （克）	钙 （克）	磷 （克）
300	0.5	5.79	3.74	30.17	603	21	14
	0.6	6.06	3.95	31.88	641	23	14
	0.7	6.32	4.17	33.64	679	25	15
	0.8	6.58	4.44	35.82	715	28	16
	0.9	6.85	4.74	38.24	750	30	17
	1.0	7.11	5.10	41.17	785	32	17
325	0	4.75	2.78	22.43	421	11	11
	0.3	5.57	3.59	28.95	547	17	13
	0.4	5.84	3.78	30.54	586	19	14
	0.5	6.12	3.99	32.22	624	21	14
	0.6	6.39	4.22	34.06	662	23	15
	0.7	6.66	4.46	35.98	700	25	16
	0.8	6.94	4.74	38.28	736	28	16
	0.9	7.21	5.06	40.88	771	30	17
	1.0	7.49	5.45	44.02	803	32	18
350	0	5.02	2.95	23.85	445	12	12
	0.3	5.87	3.81	30.75	569	17	14
	0.4	6.15	4.02	32.47	607	19	14
	0.5	6.43	4.24	34.27	645	21	15
	0.6	6.72	4.49	36.23	683	23	16
	0.7	7.00	4.47	38.24	719	25	16
	0.8	7.28	5.04	40.71	757	28	17
	0.9	7.57	5.38	43.47	789	30	18
	1.0	7.85	5.80	46.82	824	32	18
375	0	5.28	3.13	25.27	469	12	12
	0.3	6.16	4.04	32.59	593	18	14
	0.4	6.45	4.26	34.39	631	20	15
	0.5	6.74	4.50	36.32	669	22	16
	0.6	7.03	4.76	38.41	704	24	17
	0.7	7.32	5.03	40.58	743	26	17

（续）

体重 （千克）	日增重 （千克）	干物质 （千克）	肉牛能量 单位（RND)	综合净能 （兆焦）	粗蛋白质 （克）	钙 （克）	磷 （克）
375	0.8	7.62	5.35	43.18	778	28	18
	0.9	7.91	5.71	46.11	810	30	19
	1.0	8.20	6.15	49.66	845	32	19
400	0	5.55	3.31	26.74	492	13	13
	0.3	6.45	4.26	34.43	613	18	15
	0.4	6.76	4.50	36.36	651	20	16
	0.5	7.06	4.76	38.41	689	22	16
	0.6	7.36	5.03	40.58	727	24	17
	0.7	7.66	5.31	42.89	763	26	17
	0.8	7.96	5.64	45.65	798	28	18
	0.9	8.26	6.04	48.74	830	29	19
	1.0	8.56	6.50	52.51	866	31	19

附表 4　妊娠母牛的营养需要

体重 （千克）	日增重 （千克）	干物质 （千克）	肉牛能量 单位（RND）	综合净能 （兆焦）	粗蛋白质 （克）	钙 （克）	磷 （克）
300	6	6.32	2.80	22.60	409	14	12
	7	6.43	3.11	25.12	477	16	12
	8	6.60	3.50	28.26	587	18	13
	9	6.77	3.97	32.05	735	20	13
350	6	6.86	3.12	25.19	449	16	13
	7	6.98	3.45	27.87	517	18	14
	8	7.15	3.87	31.24	627	20	15
	9	7.32	4.37	35.30	775	22	15
400	6	7.39	3.43	27.69	488	18	15
	7	7.51	3.78	30.56	556	20	16
	8	7.68	4.23	34.13	666	22	16
	9	7.84	4.76	38.47	814	24	17
450	6	7.90	3.73	30.12	526	20	17
	7	8.02	4.11	33.15	594	22	18
	8	8.19	4.58	36.99	704	24	18
	9	8.36	5.15	41.58	852	27	19
500	6	8.40	4.03	32.51	563	22	19
	7	8.52	4.42	355.72	631	24	19
	8	8.69	4.92	39.76	741	26	20
	9	8.86	5.53	44.62	889	29	21
550	6	8.89	4.31	34.83	599	24	20
	7	9.00	4.73	38.23	667	26	21
	8	9.17	5.26	42.47	777	29	22
	9	9.34	5.90	47.61	925	31	23

附表5　哺乳母牛的营养需要

体重 （千克）	干物质 （千克）	肉牛能量 单位（RND)	综合净能 （兆焦）	粗蛋白质 （克）	钙 （克）	磷 （克）
300	4.47	2.36	19.04	332	10	10
350	5.02	2.65	21.38	372	12	12
400	5.55	2.93	23.64	411	13	13
450	6.06	3.20	25.82	449	15	15
500	6.56	3.46	27.91	486	16	16
550	7.04	3.72	30.04	522	18	18

技术规程一　《牛人工授精技术规程》
（NY/T 1335—2007）

1　范围

本规程规定了牛冷冻精液人工授精的操作技术要求。

本规程适用于母牛人工授精技术应用。

2　规范性引用文件

下列文件中的条款通过本规程的引用而成为本规程的条款。凡是注日期的引用文件，其随后所有的修改单（不包括勘误的内容）或修订版均不适用于本标准，然而鼓励根据本标准达成协议的各方研究可以使用这些文件的最新版本。凡是不注日期的引用文件，其最新版本适用于本标准。

GB 4143　牛冷冻精液

GB/T 5458　液氮生物容器

3　术语和定义

下列术语和定义适用于本规程。

3.1　冷冻精液　frozen semen

将原精液用稀释液等温稀释、平衡后快速冷冻，在液氮中保存。冷冻精液包括颗粒冷冻精液和细管冷冻精液。

3.2　冷冻精液解冻　thawing of frozen semen

冷冻精液使用前使冷冻精子重新恢复活力的处理方法。

3.3　人工授精　artificial insemination

用人工方法采取公牛精液，经检查处理后，输入发情母牛生殖道内，使其受胎的技术。

3.4　发情鉴定　estrus detection

通过外部观察或其他方式确定母牛发情程度的方法。

3.5　情期受胎率　conception rate of same insemination

同期受胎母牛数占同期输精情期数的百分比。

3.6　受胎率　conception rate

同期受胎母牛数占同期参加输精母牛数的百分比。

3.7 繁殖率 reproductive rate

同期分娩母牛数占同期应繁殖母牛数百分比。

4 牛基本条件

4.1 种公牛和精液品质

应符合 GB 4143 的要求。

4.2 母牛

健康、繁殖机能正常的未妊娠母牛。

5 输精准备

5.1 器具清洗和消毒

凡是接触精液和母牛生殖道的输精用器具都应进行清洗消毒。

5.2 冷冻精液的储存

冷冻精液应浸泡在液氮生物容器中储存，液氮生物容器应符合 GB/T 5458 有关规定。包装好的冷冻精液由一个液氮容器转换到另一液氮容器时，在液氮容器外停留时间不得超过 5s。

5.3 冷冻精液解冻

冷冻精液的解冻方法应符合 GB 4143 的要求。

5.4 精液质量检查

精液质量应符合 GB 4143 的要求。

5.5 牛体卫生

输精前，用手掏净母牛直肠宿粪后，再用温水清洗母牛外阴部并擦拭干净。

5.6 输精器准备

5.6.1 球式玻璃输精器使用

球式玻璃输精器主要用于细管冷冻精液的输精。输精前在输精器后端装上橡胶头，手捏橡胶头吸取精液。

5.6.2 金属输精器使用

金属输精器主要用于细管冷冻精液的输精。剪去细管精液封口，剪口应正，断面应齐。将剪去封口的细管精液迅速装入输精器管内，步骤为：剪去封口端的为前端，输精器推杆后退，细管装至管内，输精器管进入塑料外套管，管口顶紧外套管中固定圈，输精器管前推到头，外套管后部与输精器后部螺纹处拧紧，全部结合要紧密。

6　母牛发情鉴定

6.1　外部观察

通过母牛的外部表现症状和生殖器官的变化判断母牛是否发情和发情程度。

6.2　直肠检查

通过直肠检查卵巢，触摸卵泡发育程度，判断发情程度及排卵时间。

7　输精

7.1　输精时间确定

7.1.1　触摸卵泡法

在卵泡壁薄、满而软、有弹性和波动感明显接近成熟排卵时输精一次；6h～10h卵泡仍未破裂，再输精一次。

7.1.2　外部观察法

母牛接受爬跨后6h～10h是适宜输精时间。如采用两次输精，第二次输精时间为母牛接受爬跨后12h～20h。青年母牛的输精时间宜适当提前。

7.2　直肠把握输精法

输精人员一手五指并握，呈圆锥形从肛门伸进直肠，动作要轻柔，在直肠内触摸并把握住子宫颈，使子宫颈把握在手掌之中，另一手将输精器从阴道下口斜上方约45°角向里轻轻插入，双手配合，输精器头对准子宫颈口，轻轻旋转插进，过子宫颈口螺旋状皱襞1cm～2cm到达输精部位。一头母牛应使用一支输精器或者一支消毒塑料输精外套管。直肠把握输精使用器械及其操作分为：

a）用球式玻璃输精器的，注入精液前略后退约0.5cm，手捏橡胶头注入精液，输精管抽出前不得松开橡胶头，以免回吸精液。

b）用金属输精器的，注入精液前略后退约0.5cm，把输精器推杆缓缓向前推，通过细管中棉塞向前注入精液。

7.3　输精部位

应到子宫角间沟分岔部的子宫体部，不宜深达子宫角部位。

8　妊娠检查

8.1　外部观察

妊娠母牛外部表现发情周期停止，食欲增进，毛色润泽，性情变温和，行为变安稳。妊娠中后期腹围增大，腹壁一侧突出，甚至可观察到胎动，乳房胀大。

8.2 直肠检查

输精后二个情期未发情（40d 左右），通过直肠触摸检查子宫，可查出两侧子宫角不对称，孕侧子宫角较另侧略大，且柔软。60d 后直肠触摸可查出妊娠子宫增大、胎儿和胎膜。直肠触摸同侧卵巢较另侧略大，并有妊娠黄体，黄体质柔软、丰满，顶端能触感突起物。

8.3 超声波诊断

用 B 超检查母牛的子宫及胎儿、胎动、胎心搏动等。

9 记录

9.1 记录内容

包括母牛号、母牛发情时间、发情观察鉴定、发情后期流血时间、输精时间、公牛号及冷冻精液信息、输精操作人员。上述内容可以表格的方式记录。

9.2 情期受胎率

情期受胎率按式（1）计算。

式（1）：

$$F = \frac{F \cdot I}{I} \times 100\% \qquad (1)$$

式中：

F——情期受胎率（%）；

$F \cdot I$——同期受胎母牛数（头）；

I——同期输精情期数（头·次）。

9.3 受胎率

受胎率按式（2）计算。

式（2）：

$$C = \frac{C_1}{I} \times 100\% \qquad (2)$$

式中：

C——受胎率（%）；

C_1——同期受胎母牛数（头）；

I——同期输精母牛数（头）。

9.4 繁殖率

繁殖率按式（3）计算。

式（3）：

$$R = \frac{C}{I} \times 100\%$$ （3）

式中：

R——繁殖率（%）；

C——同期产犊母牛数（头）；

I——同期应繁殖母牛数（头）。

技术规程二 《牛胚胎移植技术操作规程》

(DB 62/T 1307—2005)

1 范围

本规程适用于甘肃省荷斯坦牛和黄牛胚胎移植的各环节。主要包括供体牛和受体牛的选择和处理、制胚、胚胎鉴定、胚胎移植、移植液和冷冻液的配制。

2 规范性引用文件

下列文件中的条款通过本规程的引用而成为本规程的条款。

GB/T 18407.3—2001 农产品安全质量 无公害畜禽产地环境要求

GB 16548—1996 畜禽病害肉尸及其产品无害化处理规程

GB 16549—1996 畜禽产地检疫规范

GB 16567—1996 种畜禽调运检疫技术规范

GB 18596 畜禽场污染物排放标准

NY 5027—2001 无公害食品 畜禽饮用水质

NY/T 388 畜禽场环境质量标准

NY 5125—2002 无公害食品 肉牛饲养兽药使用准则

NY 5126—2002 无公害食品 肉牛饲养兽医防疫准则

NY 5127—2002 无公害食品 肉牛饲养饲料使用准则

NY/T 5128—2002 无公害食品 肉牛饲养管理准则

NY 5044—2001 无公害食品 牛肉

农业生物基因工程安全管理实施办法

3 术语和定义

下列术语和定义适用于本标准。

3.1 胚胎移植

胚胎移植技术是指将优秀供体牛的胚胎利用技术措施移植给普通受体牛，以实现优秀种牛的引种和快速扩繁为目的的一项新型生物工程技术。

3.2 超数排卵

利用促性腺激素提高供体牛同期滤泡发育数量和卵子数量的技术。

3.3　供体

提供成熟卵子和胚胎的优秀繁殖母牛，如荷斯坦牛和其他纯种肉牛。

3.4　受体

接受（移植）优秀胚胎的普通繁殖母牛，如低产荷斯坦牛和黄牛。

3.5　检胚

对胚胎进行质量清洗、鉴定、分级和保存的过程。

4　供体牛的选择和超数排卵

4.1　供体牛的选择

供体牛必须具备本品种的典型体征，其祖先、同胞或后代生产性能优秀，荷斯坦牛自身是产奶量、乳脂率和乳蛋白量高的优秀个体。肉牛品种必须是国内外著名的纯种肉牛。供体牛的遗传性能必须稳定、系谱清楚、体格健壮、繁殖机能正常、无遗传和传染性疾病，尤其注意牛布鲁氏菌病、牛病毒性腹泻和钩端螺旋体病。经产牛作供体牛时，超排处理要在产后 3 个月进行，在冲卵前 3～4 周，肌内注射维生素 AD 50 万 IU，维生素 E 500μg。育成牛在 14 月龄～18 月龄时可作为供体牛实施超数排卵。选择配种的公牛必须是经过后裔测定的优秀个体。

4.2　供体牛的饲养管理

供体牛应饲喂优质饲草和饲料，补充高蛋白饲料、维生素和矿物质，并供给盐和清洁的饮水，做到合理饲养，科学管理。供体牛在采胚前后应保证良好的饲养条件，不得任意变换草料和管理程序，保持中等以上体膘。

4.3　超数排卵

供体牛的超数排卵在自然发情或诱发发情的第 9 天～13 天实施。供体牛发情当天为第 0 天，在发情后的第 9 天～13 天肌内注射 FSH，每隔 12h，分 4d 减量注射，使用总剂量为 FSH 7.5mg～10mg（中国科学院动物研究所）或 300mg～400mg（加拿大）。在处理的第 3 天同时肌内注射氯前列烯醇（ICI）0.8mg（早晚各一次）。超排药品的剂量和比例根据不同厂家和批号须稍做调整。

4.4　供体牛的人工授精

在超排处理后，供体牛开始发情。根据供体牛的发情程度进行第一次输精，同时提前 1h～2h 肌内注射 LH 200IU。间隔 12h 后再进行第二次输精，同法使用 LH。

5　冲胚

第一次输精日为第 0 天，依次后推至第 7 天，用非手术法回收胚胎。

5.1 冲胚准备

供体牛在冲胚前禁水、禁食 10h～24h。将供体牛保定后（前高后低），在冲胚前 10min 在第一尾椎和第二尾椎凹陷处剪毛消毒，注射 2％利多卡因 2mL～4mL 或 2％静松林 1.5mL～3mL，进行硬膜外麻醉。准备好冲胚器械后，对外阴部进行清洗和消毒，并用卫生纸擦净。

5.2 冲胚

在供体牛尾部失去知觉后，操作人员右手持冲胚管（已插入钢芯），左手食指和拇指扒开阴门插入冲胚管，用左手在直肠内小心引导冲胚管，经子宫颈进入一侧子宫角大弯处，抽出少许钢芯，再将冲胚管向前推至子宫角深部。根据子宫角粗细确定充气量（一般为 15mL～25mL），充气固定后抽出钢芯，进行灌流冲胚。

将吊瓶（PBS 冲胚液）挂在距外阴斜上方 80cm～100cm 高处，接三通管和冲胚管，用进流开关和出流开关控制流量，每次灌注 30mL～50mL PBS 冲胚液，单侧总量为 300mL～500mL。也可用 50mL 一次性注射器分次注射和抽吸（剂量为 30mL～50mL），具有相同的冲排效果。另侧子宫冲胚时应先重新插入钢芯和放气，将其移入另侧子宫角后用同样方法冲胚。

冲胚结束后放气，将冲胚管移入子宫体后，在子宫体推注抗生素（如土霉素 100 万 U 或宫乳康 10mL～20mL），肌内注射氯前列烯醇（ICI）0.4mg，间隔 12h 后再用 0.4mg。从第 2 天起，连续口服浓缩当归丸 5d～10d，每天 1 剂（200 粒），对子宫系统复原非常有利。

6 检胚

常用集卵法为过滤集卵杯法。过滤集卵杯直接与冲胚器械连接。冲胚结束后，将其与回收的冲胚液一起，小心移入检卵室，用注射器冲洗滤网 3 次～4 次，吸去杯中泡沫，置体视镜下镜检移胚。

将过滤后的冲胚液注入底部刻有方格的培养皿中，按顺序查找胚胎，用移卵管将胚胎移入另一盛 PBS 液的培养皿中。将检好的胚胎同法冲洗 2 次～3 次后，置 100 倍～200 倍体视镜下进行胚胎质量鉴定。

7 胚胎质量鉴定和分级

根据受精卵的形态、色调、卵裂球或细胞团的密度和均匀度，透明带间隙清晰度等判断卵子是否受精及胚胎的发育程度。镜检时如透明带里有卵裂球时为受精卵，反之为未受精卵。

7.1　胚胎发育特征

适于移植胚胎的胚龄为 6d～8d，相对应的胚胎发育阶段为桑葚胚至囊胚，其发育表现为：

桑葚胚：授精后第 5 天～6 天回收的胚胎，能观察到球状细胞团，分不清分裂球，占据透明带内腔的大部分。

致密桑葚胚：授精后第 6 天～7 天回收的胚胎，细胞团变小，占透明带内腔的 60%～70%。

早期囊胚：授精后第 7 天～8 天回收的胚胎，细胞的一部分出现发亮的胚泡腔，细胞团占透明带内腔的 70%～80%，难以分清内细胞团和滋养层。

囊胚：授精后第 7 天～8 天回收的胚胎，内细胞团和滋养层界限清晰，胚泡腔明显，细胞充满透明带内腔。

扩张囊胚：授精后第 8 天～9 天回收的胚胎，胚泡腔明显扩大，体积增至原来的 1.2 倍～1.5 倍，与透明带之间无空隙，透明带变薄，相当于正常厚度的 1/3。

孵育胚：透明带破裂，细胞团孵出透明带。

7.2　胚胎分级

胚胎一般分为 A、B、C、D 四级，其中 A、B 和 C 级为可用胚胎，D 级胚胎无利用价值。

A 级胚胎：胚胎发育阶段与胚龄一致。胚胎形态完整，轮廓清晰呈球形，分裂球大小均匀，胚细胞结构紧凑，透明度好，无附着细胞和泡液。

B 级胚胎：胚胎发育阶段与胚龄基本一致。胚胎轮廓清晰，色调和细胞密度良好，可见一些附着细胞和泡液，变形细胞占 10%～30%。

C 级胚胎：胚胎发育阶段与胚龄不太一致。胚胎轮廓不清晰，色调较暗，结构较松散，游离细胞和泡液较多，变形细胞占 30%～50%。

D 级胚胎：未受精卵、16 细胞以下的受精卵、有碎片的退化卵和细胞变形等属 D 级，不能作为可用胚移植。

8　胚胎保存

胚胎经分级鉴定后，根据胚移条件进行常规保存（鲜胚移植）和冷冻保存。常规保存法适用于鲜胚保存和移植。冷冻保存适用于规模化生产胚胎和鲜胚移植剩余胚胎。胚胎冷冻保存的方法有一步保存法和分步保存法。现多用一步保存法。

8.1　一步保存法及其程序

冷冻保存液为含10％甘油（或10％乙二醇）的PBS液，将胚胎在基础液（PBS＋10％BSA冲卵液）中洗涤5次～10次，在10％甘油（或10％乙二醇）第1液中平衡5min，在10％甘油（或10％乙二醇）第2液中平衡10min后装管。

胚胎装管方法：将平衡好的胚胎用0.25mL麦管（细管）装管备用。3段法装管的顺序是：3cm 12.5％蔗糖PBS液、0.5cm气泡、1.0cm 10％甘油（或10％乙二醇）PBS液（含胚胎）、0.5cm气泡、2cm 12.5％蔗糖PBS液。用封口塞、封口粉或热封法将开口端封口。胚胎麦管备好后，按程序进行冷冻。

胚胎冷冻步骤：将胚胎麦管直接浸入胚胎冷冻仪的液氮浴桶内，以1℃/min的速度从室温降至－7℃，置5min后植冰，停留10min，再以0.3℃/min的速度降至－35℃，停留10min后，直接投入液氮，长期保存。

8.2 分步保存法及其程序

将胚胎在基础液（PBS＋10％BSA冲胚液）中洗涤5次～10次，在冷冻保存液（1.5mol/L蔗糖乙二醇冷冻液）中平衡5min，3段法装管。本操作在室温下操作（20℃）。装好后直接冷冻。

胚胎装管方法3段法装管的顺序是：3cm 1.5mol/L蔗糖乙二醇冷冻液、0.5cm气泡、1.0cm 1.5mol/L蔗糖乙二醇冷冻液（含胚胎）、0.5cm气泡、2cm 1.5mol/L蔗糖乙二醇冷冻液。用封口塞、封口粉或热封法将开口端封口。

胚胎冷冻步骤：①以1℃/min从室温降至－7℃～－6℃，平衡5min后植冰，在－7℃～－6℃下继续停留5min；②植冰后以0.3℃/min～0.6℃/min的速率降至－35℃，平衡5min后取出胚胎细管，直接投入液氮中保存。

8.3 鲜胚保存法及其程序

对于直接利用的新鲜胚胎，按照下述方法平衡和装管。

将胚胎在基础液（PBS＋10％FCS冲胚液）中洗涤5次～10次后，仍在基础液中平衡5min～10min，3段法装管。本操作在室温下操作（20℃）。

胚胎装管方法：3cm基础液、0.5cm气泡、1.0cm基础液（含胚胎）、0.5cm气泡、2cm基础液。用封口塞、封口粉或热封法将开口端封口。装管后的胚胎须在3h～6h完成移植；否则，应尽快按照8.1或8.2节所述方法及时冻存。

8.4 胚胎麦管标记方法

对各种胚胎麦管均应建档登记和仔细标记。存档资料包括胚胎系谱、麦管代码、保存方法和应用方向。胚胎麦管标记包括序列号、父本、母本、胚胎发育期和级别及数量、胚胎生产单位和胚胎生产日期等，为胚胎应用提供全套信息。

9　胚胎解冻

从液氮罐中取出胚胎麦管，在空中停留 1s，投入 36℃～38℃ 水浴中停留 10s 后备用。

9.1　一步保存法胚胎的解冻和移植

拿稳胚胎麦管棉塞端，将麦管向下甩几次，使蔗糖液和冷冻液混合，在 5min～8min 完成移植。

9.2　分步保存法胚胎的解冻和移植

将胚胎麦管中液体和胚胎推入 1mol/L 蔗糖液解冻液中平衡 5min，在胚胎保存液（PBS＋10％BSA 冲胚液）中洗涤 5 次～6 次后 3 段法装管移植（3 段移植液均用胚胎保存液）。此法处理的胚胎在 30min～45min 要移入受体牛。

10　胚胎移植操作液的配制

10.1　基础液（PBS）的配制

基础液（PBS）的配制方法和剂量见下表。使用前各取 500mLA、B 液，缓慢加入 1 000mL 容量瓶中混匀。取其中 100mL 配制 C 液后用 0.22μm 滤器过滤到容量瓶中备用。配成基础液的 pH7.1～7.3，渗透压为 100mOsm～290mOsm。

基础液的原料均为分析纯级，对胚胎无害。水为超纯水（18.2Ω）或无热源超纯水。器皿要严格清洗和消毒。血清必须灭活（犊牛血清 BSA 或胎牛血清 FCS）。

基础液可作为冲卵液使用。含 10％BSA 的基础液为移植液（或保存液）。

基础液（PBS）的配制方法和剂量表

项目成分			1 000mLPBS		
A 液	NaCl	136.87mmol/L	8 000mg/L	8.00g/L
	KCl	2.68mmol/L	200mg/L	0.20g/L
	CaCl$_2$	0.90mmol/L	100mg/L	0.10g/L
	MgCl$_2$·6H$_2$O	0.49mmol/L	100mg/L	0.10g/L
B 液	Na$_2$HPO$_3$·12H$_2$O		2 890mg/L	2.89g/L
	K$_2$HPO$_3$	1.47mmol/L	200mg/L	0.20g/L

（续）

	项目成分		1 000mLPBS	
	葡萄糖	5.50mmol/L	1 000mg/L	1.00g/L
	丙酮酸钠	0.33mmol/L	36mg/L	0.036g/L
C液	BSA/FCS		3 000mg/L	3.00g/L
	80万IU PN	100IU/mL	0.06g/L	0.06g/L
	100万IU SM	100μg/mL	0.14g/L	0.14g/L
重蒸水	H_2O		1 000mL	

10.2　10％甘油的 PBS 胚胎冷冻液

在基础液中加入 10％的甘油。

10.3　12.5％蔗糖的 PBS 胚胎冷冻液

在基础液中加入 12.5％的蔗糖。

10.4　10％乙二醇的 PBS 胚胎冷冻液

在基础液中加入 10％的乙二醇。

10.5　1.5mol/L 蔗糖乙二醇冷冻液

在 0.1mol/L 蔗糖 PBS 液中加入适量乙二醇。

10.6　1mol/L 蔗糖解冻液

在基础液（PBS＋10％BSA 冲胚液）中加入适量蔗糖。

11　胚胎移植

11.1　受体牛的选择和同期发情

11.1.1　受体牛的选择

受体牛要体躯高大、繁殖性能和健康状况良好。首先，应无繁殖疾病，无传染病（主要是布鲁氏菌病、病毒性腹泻和钩端螺旋体病），无流产史，前胎无难产和助产情况及胚胎移植不孕史；其次，应有 2 个以上的发情周期，自身健康，膘情 7 成以上，经产牛分娩后在 90d 以上，育成牛达到 16 月龄以上且体重达到成年母牛体重的 75％以上；第三，年龄为 3～6 岁，产犊性能和泌乳性能良好，性情温驯，子宫弹性、厚薄正常，黄体质量达到 A、B 级。根据受体牛的数量确定供体牛的数量，比例为 10：（1～2）。

11.1.2　受体牛的同期发情

受体牛的同期发情方法较多，其中最常用的是前列腺素法。给直检黄体发育良好的处于发情周期黄体期的受体牛肌内注射氯前列烯醇（ICI）0.8mg，分早晚两次注射。受体牛肌内注射氯前列烯醇的时间比供体母牛提前 0.5d～1d。受体牛发情后要通过直检确认卵泡状态和是否排卵，发情 36h 后排卵的牛不能用作受体。

11.2　受体母牛黄体发育水平

受体母牛在胚移前应进行黄体发育水平检查，达到一级和二级发育水平的才能进行胚胎移植。黄体发育程度判定条件如下：

一级黄体：黄体形态和发情天数一致，黄体呈乳头状突出于卵巢表面。黄体直径 2.0cm 左右，约拇指大小，呈软肉状，排卵点火山口状突起明显。

二级黄体：黄体形态和发情天数基本一致。黄体直径 1.5cm 左右，约中指肚大小，呈硬肉状，排卵点突起较明显。

三级黄体：黄体直径 1.0cm 左右，手摸约小拇指大小，硬而突起不明显。

黄体发育不良的母牛应及时淘汰。

11.3　胚胎移植

对受体牛进行直检，根据黄体发育水平确定能否移植胚胎。合格受体牛在移植前应进行硬膜外麻醉。清洁和消毒处理（方法同供体牛）。

胚胎移植时，操作人员用左手扒开外阴，右手用力将移植器插入阴道。将左手伸进直肠，移植器到子宫颈口时，右手用力拉住移植器外套膜游离端并用移植器捅破外套膜后插入子宫颈。左手在直肠内诱导，使枪头轻稳插入黄体侧子宫角至大弯处，用右手推注胚胎后，缓慢旋转抽出移植枪。

12　妊娠诊断

通过早期妊娠诊断，可及早确定胚胎移植效果，安排下一步饲养管理工作。早期妊娠诊断的方法有孕酮测定法［放射免疫测定（RIA）和酶联免疫测定（ELISA）］、直检测定法和 B 超测定法。孕酮测定法在养牛业中应用较广，B 超测定法因直观准确，将越来越受欢迎。在生产中最常用的是直检测定法。前两法可对 21～35 日龄的胚胎做出准确诊断，直检法最早的有效诊断时间是青年牛 5 周，成年牛 6 周，然后还需在第 60 天和第 90 天时复查确诊。

13　适宜胚移的品种

在生产中适宜胚移的供体牛品种主要有荷斯坦牛（Holstein）、西门塔尔牛（Simmental）、安格斯牛（Angus）、皮埃蒙特牛（Piedmont）、夏洛来牛（Charolais）和利木赞牛（Limousin）等。

技术规程三 《规模化牛场布鲁氏菌病的诊断、净化与防控》

布鲁氏菌病是由布鲁氏菌引起的重要的人兽共患慢性传染病。养牛地区有不同程度的流行，每年因此造成巨大的经济损失，严重影响养牛业持续发展，也威胁着人类的健康。由于规模化牛场集中饲养，如有个别发病没有及时隔离，便会很快蔓延全群，如果不能有效地控制和消灭，不仅会造成严重的经济损失，更会导致严重的社会公共卫生问题。所以规模化牛场布鲁氏菌病的净化、防控极其迫切、尤为重要。

1 布鲁氏菌病的诊断

1.1 病原

布鲁氏菌属已发现的有9个种：牛种、羊种、猪种、犬种、绵羊种、沙林鼠种、鲸种、鳍足种和田鼠种。其中，羊种、牛种和猪种布鲁氏菌的毒力和致病力较强，几乎所有的哺乳动物都易感布鲁氏菌病。引起牛布鲁氏菌病的病原多为牛种布鲁氏菌和羊种布鲁氏菌。

布鲁氏菌属是无芽孢的革兰氏阴性球杆菌或短棒状杆菌，可被碱性染料着色，革兰氏染色阴性为红色，柯兹罗夫斯基染色为红色，可作为其鉴别染色。

布鲁氏菌在自然环境中具有相当强的抵抗力，在直射阳光下可存活4h，但此菌对湿热的抵抗力不强，60℃加热30min或70℃加热5min即被杀死，煮沸立即死亡。该菌对消毒剂的抵抗力也不强，2％石炭酸、2％来苏儿、2％氢氧化钠溶液、5％新鲜石灰乳、2％福尔马林作用1h～3h，0.5％氯己定或0.01％的消毒净或新洁尔灭作用5min即可杀死该菌。

1.2 流行病学

人和多种动物均易感。动物中羊、牛、猪的易感性最强，母畜比公畜、成年畜比幼年畜发病多。牛种布鲁氏菌还可感染犬、马等家畜和野生动物及人。布鲁氏菌病可全年发生，但有一定的季节性。牛种布鲁氏菌病春、夏季发病率高些。

布鲁氏菌病可通过消化道、呼吸道、生殖道、破损的皮肤、黏膜等各种途径感染。病畜和带菌动物主要通过流产物、精液和乳汁排菌污染环境。感染的妊娠母畜最危险，它们在流产或分娩时，大量的菌随胎儿、羊水、胎衣排出而污染周围环境，流产后3年内阴道分泌物仍带菌。

1.3　临床特征

该病潜伏期较长，一般为14d～180d，多为隐性感染。该病常发地区，多为慢性，不呈显性经过，而一旦侵入清净区，则几乎都取急性经过，在妊娠牛群中常暴发流行。母畜中以头胎发病较多，可占50％以上，多数母畜只发生1次流产。老疫区发生流产的较少，但子宫炎、乳腺炎、关节炎、局部脓肿、胎衣不下、久配不孕者较多。母牛除流产外，其他症状常不明显。流产多发生在妊娠后第5个月～8个月，产出死胎或弱胎。流产后可能出现胎衣不下或子宫内膜炎。流产后阴道内继续排褐色恶臭液体。公牛发生睾丸炎并失去配种能力，有的发生关节炎、淋巴结炎等。

1.4　病理变化

胎盘呈淡黄色胶冻样浸润，表面有絮状物和脓性分泌物，胎膜肥厚且有点状出血，胸腔、腹腔积有红色液体，脾及淋巴结肿大并有坏死灶，胃内有絮状黏液性渗出物。妊娠牛子宫黏膜和绒毛膜之间有淡灰色污浊渗出物和脓块，绒毛膜上有出血点。

1.5　诊断

根据流行病学、临床症状和病理变化可以做出初步诊断，但确诊需根据《动物布鲁氏菌病诊断技术》（GB/T 18646—2002）做病原鉴定和血清学检测。

1.5.1　病原鉴定

1.5.1.1　样品采集　采集流产胎衣、肝、脾、淋巴结等组织。

1.5.1.2　显微镜检查　将样品制成抹片，用柯兹罗夫斯基染色法染色，镜检，布鲁氏菌为红色球杆状小杆菌，而其他菌为蓝色。

1.5.1.3　分离培养细菌　用新鲜病料在培养基上培养，标本中必须存在大量活菌才能分离到该菌，培养细菌的周期长，因此在布鲁氏菌病的检测中已经逐渐被淘汰。

1.5.1.4　其他方法　新发展的分子生物学方法有PCR、基因检测技术、荧光探针分析法等。

1.5.2　血清学检测

1.5.2.1　样品采集　采集血清、牛乳等。

1.5.2.2　虎红平板凝集试验（RBPT）　这是布鲁氏菌病监测的常用方法。在玻璃板上均匀划边长为4cm的正方形小格，将被检血清与诊断抗原各

30mL 在玻璃板上混匀，4min 内出现肉眼可见凝集现象者判为阳性（＋），无凝集现象，呈均匀粉红色者判为阴性（一）。

1.5.2.3 试管凝集试验（SAT） 试管凝集试验的具体规定标准如下：牛血清 1∶100 稀释度（含 1 000 IU/mL）出现 50％（＋＋）凝集现象时，判定为阳性反应；1∶50 稀释度（含 50IU/mL）出现 50％（＋＋）凝集时，判定为可疑反应。可疑反应的牛，经 3～4 周后重新采血检验，如仍为可疑反应，则判定为阳性。

1.5.2.4 全乳环状试验（MRT） 这是布鲁氏菌病检测的主要方法。焦兰芬等通过对比试验证明，MRT 与 RBPT 2 种方法检测，结果基本相符。由于全乳环状试验具有操作简单、判定方便的优点，因此可以作为布鲁氏菌病检测的初步筛选方法，在牛的布鲁氏菌病检测中可大面积推广。但为了防止牛患隐性乳腺炎而出现假阳性反应，需采血做虎红平板凝集试验作对照，确定阳性的，再做试管凝集试验或补体结合试验复检，以保证检测的准确性。

1.5.2.5 补体结合试验（CFT） 补体结合试验至今仍是布鲁氏菌病的重要诊断方法，是牛、羊等布鲁氏菌病诊断的国际贸易指定试验，作为确诊试验用。

1.5.2.6 酶联免疫吸附试验（ELISA） 该方法与 CFT 效果相当，操作更方便，既可以作为确定试验，又可以作为筛选试验。用于牛种布鲁氏菌病的 ELISA 是国际贸易指定试验，不但用于血清学诊断，还可用于乳汁检查。

2 牛布鲁氏菌病的监测、净化

2.1 监测、净化方案及路线

母牛场必须全群 100％监测，不得抽检。凡检出阳性牛的牛群为布鲁氏菌病污染牛群。连续 2 次全群监测都是阴性的为净化牛群。如在牛布鲁氏菌病净化群中（包括犊牛群）检出阳性牛时，应及时扑杀阳性牛，其他牛按假定健康群处理。

根据母牛场的监测情况，将母牛场分为以下 4 个种群：

未控制牛群：有疫情发生或阳性率≥0.5％。

控制牛群：连续 2 年无临床病例，且阳性率<0.5％。

稳定控制牛群：无临床病例，连续 2 年阳性率<0.1％。

净化牛群：无临床病例，连续 2 年监测无阳性牛。

未控制牛群、控制牛群、稳定控制牛群都为污染牛群，应反复监测，每次间隔 3 个月，发现阳性牛及时扑杀。污染牛群连续 2 次全群监测都为阴性可按照净化牛群处理。净化牛群每年春、秋各进行1次监测。凡连续监测结果均为阴性者，仍是净化牛群，如果监测一旦出现阳性牛按照污染牛群处理。

2.2 净化

2.2.1 阳性牛的处理

确诊为阳性牛后将患病牛及其流产胎儿、胎衣、排泄物、乳等进行无害化处理。阳性牛要立即采取无血扑杀，进行无害化处理（焚烧、深埋）。检出阳性牛的牛群应进行反复监测，每次间隔3个月，发现阳性牛及时处理。

2.2.2 可疑牛的处理

可疑牛要立即隔离，限制其移动。用实验室方法进行诊断，若仍为可疑视同阳性牛处理。可疑牛确诊为阴性的，不要立即混入原群，隔离1个月之后再检测为阴性方可混群。

2.2.3 环境、污染物的处理

牛群中检出阳性牛进行无害化处理后，对病牛和阳性牛污染的场所、用具、物品进行严格消毒。饲养场的金属设施、设备可采取火焰、熏蒸等方式消毒。养牛场的圈舍、场地、车辆等可用5%来苏儿、10%～20%石灰乳或2%氢氧化钠等进行严格彻底消毒；流产的胎儿、胎衣应在指定地点深埋或烧毁，不要随意丢弃，以防病菌扩散。处理流产牛后的用具、工作服用新洁尔灭或来苏儿浸泡。养殖场的饲料、垫料可采取深埋发酵处理或焚烧处理；粪便采取堆积密封发酵方式或其他有效的消毒方式处理。

3 布鲁氏菌病的防控

尽早发现、控制、消灭传染源，切断传播途径是所有疫病防控的根本。牛场布鲁氏菌病净化工作是一项艰巨的任务，应采取综合防控措施。必须坚持"预防为主"的方针，除了建立健全相关的规章制度，加强饲养管理，改善卫生条件以外，还要采取"监测、检疫、扑杀、无害化处理"相结合的综合性防控措施，最终将所有牛群变为净化牛群。

3.1 分群防控

净化牛群以主动监测为主；稳定控制牛群以监测净化为主；控制牛群和未控制牛群实行监测、扑杀和免疫相结合的综合防控措施，要控制未控制牛群，压缩控制牛群，稳定扩大净化牛群。

3.2 监测

所有的母牛、种公牛每年应进行至少2次血清学监测，覆盖面要达到100%，不得实施抽检。污染牛群要连续反复监测，每3个月监测1次。净化

牛群每年 2 次，春、秋检疫。检出阳性牛要立即扑杀并无害化处理。

3.3　检疫

牛场最好自繁自养、培育健康幼牛，如果必须引种或从外地或当地调运母牛或种公牛时，必须来自非疫区，凭当地动物防疫监督机构出具的动物检疫合格证明调运。动物防疫监督机构应对调运的牛进行实验室检测，检测合格后，方可出具动物检疫合格证明。调入后应隔离饲养 30d，并做好检疫工作，确认健康后经当地动物防疫监督机构检疫合格，方可解除隔离，同群饲养。引进精液、胚胎也要严格实施检疫。

3.4　净化

阳性牛要立即扑杀并无害化处理，如不及时处理阳性牛只能是进一步扩散病原，给以后的净化工作带来更大困难，检而不杀将会造成更大损失。应禁止出售阳性牛及其肉、乳等相关产品。

3.5　消毒

牛场要做好定期、临时和日常的消毒，以达到灭源的目的。选 2～3 种消毒剂交替使用对场地、栏舍、用具、进出口、车辆、排泄物等进行彻底消毒，切断传染途径，防止各种疫病的传播和扩散。可用 0.1％新洁尔灭、0.3％过氧乙酸、0.1％次氯酸钠定期进行带牛环境消毒，但应避免消毒剂污染牛乳。

3.6　日常管理

要健全制度，并认真实施。非生产人员进入生产区，需穿工作服经过消毒间，洗手消毒后方可入场。饲养员每年体检，发现患有布鲁氏菌病的及时治疗，痊愈后方可上岗。牛场不得饲养其他畜禽。提高饲养管理水平，从而保证牛群的健康，增强体质，提高抗病力。

3.7　加强培训

加强养殖人员的培训，提高对动物疫病危害、防控的认识，提高防控水平，培养员工自觉地按动物防疫要求搞好各项防疫工作，自觉地落实各项防控措施，这是牛场防控疫病的有力保证。

图书在版编目（CIP）数据

产业差异化规模场母牛繁育手册 / 施巧婷，魏成斌，徐照学编著 . —北京：中国农业出版社，2021.12
ISBN 978-7-109-27539-3

Ⅰ.①产… Ⅱ.①施… ②魏… ③徐… Ⅲ.①母牛－繁育－手册 Ⅳ.①S823－62

中国版本图书馆 CIP 数据核字（2020）第 209227 号

产业差异化规模场母牛繁育手册
CHANYE CHAYIHUA GUIMOCHANG MUNIU FANYU SHOUCE

中国农业出版社出版
地址：北京市朝阳区麦子店街 18 号楼
邮编：100125
责任编辑：刘昊阳　　文字编辑：耿韶磊
版式设计：杜　然　　责任校对：吴丽婷
印刷：北京中兴印刷有限公司
版次：2021 年 12 月第 1 版
印次：2021 年 12 月北京第 1 次印刷
发行：新华书店北京发行所
开本：700mm×1000mm　1/16
印张：14.25
字数：300 千字
定价：68.00 元
